城市规划设计与海绵城市建设研究

朱亚楠　著

北京工业大学出版社

图书在版编目（CIP）数据

城市规划设计与海绵城市建设研究 / 朱亚楠著. —
北京 ：北京工业大学出版社，2021.2
　　ISBN 978-7-5639-7865-6

　　Ⅰ．①城… Ⅱ．①朱… Ⅲ．①城市规划－建筑设计②
城市建设－研究 Ⅳ．① TU984

中国版本图书馆 CIP 数据核字（2021）第 034153 号

城市规划设计与海绵城市建设研究

CHENGSHI GUIHUA SHEJI YU HAIMIAN CHENGSHI JIANSHE YANJIU

著　　者： 朱亚楠
责任编辑： 李　艳
封面设计： 知更壹点
出版发行： 北京工业大学出版社
　　　　　　（北京市朝阳区平乐园 100 号　邮编：100124）
　　　　　　010-67391722（传真）　bgdcbs@sina.com
经销单位： 全国各地新华书店
承印单位： 涿州汇美亿浓印刷有限公司
开　　本： 710 毫米 ×1000 毫米　1/16
印　　张： 10.75
字　　数： 215 千字
版　　次： 2022 年 7 月第 1 版
印　　次： 2022 年 7 月第 1 次印刷
标准书号： ISBN 978-7-5639-7865-6
定　　价： 68.00 元

作者简介

　　朱亚楠，女，1984 年 9 月生人，籍贯天津，毕业于合肥工业大学，现任职于天津大学城市规划设计研究院有限公司，高级职称；研究方向：城市规划、海绵城市。自工作以来，参与多个项目：台商投资区总体规划实施评估、天津市黑臭水体治理技术指南、中卫市高铁站前区控制性详细规划、滨州北海新城总体规划等。

前　言

　　海绵城市是指城市能够像海绵一样，在适应环境变化和应对自然灾害等方面具有良好的"弹性"，下雨时吸水、蓄水、渗水、净水，需要时将蓄存的水"释放"并加以利用，即通过加强城市规划建设管理，充分发挥建筑、道路和绿地、水系等生态系统对雨水的吸纳、蓄渗和缓释作用，达到有效控制雨水径流，实现自然积存、自然渗透、自然净化的城市发展方式。综合采取"渗、滞、蓄、净、用、排"等措施，最大限度地减少城市开发建设对生态环境的影响。

　　海绵城市建设体现了尊重自然、顺应自然、保护自然的理念，将山水林田湖生命共同体提升到自然规律和系统工程的高度，是推进生态文明建设、转变城市发展方式的重要举措，是提升城市建设品质、改善人居环境的重要途径，也是通过有效需求推动经济增长、稳定国民经济的重要领域。

　　全书共七章。第一章为绪论，主要阐述了城市的概念和定义、海绵城市的概念辨析、海绵城市理念的提出、海绵城市建设的意义等内容；第二章为城市规划设计的生态环境问题，主要阐述了城市生态环境及相关概念、城市规划中的生态环境保护、城市规划中的生态城市建设等内容；第三章为国内外海绵城市建设现状，主要阐述了国外海绵城市的建设现状和国内海绵城市的建设现状等内容；第四章为海绵城市的规划设计，主要阐述了海绵城市规划设计的目标与内容、海绵城市规划设计的步骤、海绵城市规划设计的要则、海绵城市设计与生态城市设计等内容；第五章为海绵城市建设的基本方法，主要阐述了低影响开发，收集、净化、储存与利用雨污水，构建城市绿色廊道，构建城市水系格局等内容；第六章为海绵城市建设的技术研发，主要阐述了绿色屋顶技术、生态植草沟技术、雨水花园技术、植物冠层截留技术等内容；第七章为海绵城市理念下的校园景观规划设计实践，主要阐述了天津大学北洋园校区景观规划设计、天津大学阅读体验舱景观规划设计等内容。

　　为了确保研究内容的丰富性和多样性，作者在写作过程中参考了大量理论与研究文献，在此向涉及的专家学者们表示衷心的感谢。

　　限于作者水平，加之时间仓促，本书难免存在一些疏漏，在此，恳请同行专家和读者朋友批评指正！

目　录

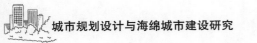

第一章　绪　论

近年来，随着城市防洪排涝工作的宣传和推广，海绵城市的建设工作逐渐成为社会公众关注的焦点。本章分为城市的概念和定义、海绵城市的概念辨析、海绵城市理念的提出、海绵城市建设的意义四部分。主要内容包括：城市的基本概念、对城市本质的界定、海绵城市的兴起背景、海绵城市的内涵与特征、海绵城市的相关概念、海绵城市的六大功能等方面。

第一节　城市的概念和定义

一、城市的基本概念

（一）不同学科对城市的定义

城市的定义可以说是一个世界难题，从不同的学科背景出发，甚至从同一学科如产生、功能、集聚、区域、景观等不同方面出发，对城市都可以给出不同的定义，因此城市的定义内涵丰富、包罗万象。从经济的角度来看，城市是经济要素集中的空间，然而不同国家、不同地区之间的要素集聚有很大差异，且随着物联网等新技术的发展，城市要素的集聚特性开始减弱。从文化的角度来看，城市被认为是一种文化空间，是人类文明的重要载体，但文化本身却有着十分宽泛的含义，无法准确界定其概念。从社会的角度来看，城市是人类属性的产物，是具体的社会形态，强调城市的发展应符合人性要求，然而对于城市是人工环境的界定又过于宽泛。

（二）城市定义面临的困惑和局限

一是传统城市的概念正在发生变化，城市与乡村之间的物理边界已经不再明显。以城墙、城邦为基本构成的"城"的形态早已成为历史，以传统固定地点的贸易场所为标志的"市"也日益被网络购物平台所取代。不断向外扩张的城市会把周边的乡村涵盖到城市当中，以农业生产为主的乡村随着生产力的发展也会演化为城镇。因此，从传统有形的物质形态方面定义城市，不能反映出人的主体作用，会造成概念模糊。

二是以城区人口统计为基础对城市进行界定，也不能准确把握城市的本质。由于当前人口流动加速，再加上统计口径的不同、户籍制度的制约，城市人口无法进行准确统计。

二、对城市本质的界定

首先，城市以人的构成为主体、以人的生产为基础、以人的发展为目的，要体现人的属性，满足人的各种需求。城市是人类基于生存发展需要而创造或者选择的相对于农村而言的人工环境，首要满足的应该是人的吃、穿、住、用、行等生理的和物质生活的基本需求，在满足人的居住生存条件之外，还需要满足人的更高层次的精神需求，如服务机构、公共设施、文娱场所等，为人的健康发展创造条件。马克思、恩格斯将人放到社会的角度来分析，认为人的发展是在社会中发展的。一方面，人是有生命的、有感知的自然存在物，是自然界构成的主要因素；另一方面，人是非抽象的、不孤立的、彼此关联的社会存在物，人与社会是有机统一的。

因此，人既具有生物生命特性，又具有社会生命特性，个人与社会两者之间是不可分割的关系。城市的结构形态都是人类特性的具体表现形式，最终是由人决定的。随着经济社会高速发展，城市开始快速蔓延成长，如何按照人的需求来发展城市，已经越来越为各界人士所关注。符合城市规律的发展模式必须是以人为目的、尺度和标准的，把对人的尊重和关怀放在主要位置来考虑。

其次，城市要构筑一定的物质载体、空间载体和社会载体，打造适宜的环境，营造和谐的社会关系。城市环境既包括有形环境，如建筑、道路、广场、公园、设施等，也包括无形环境，如城市文化、风俗习惯、网络传媒、艺术展览等。城市的物质载体、空间载体和社会载体体现出城市的经济特征、政治特征、文化特征和生态特征。城市的物质载体直接作用于人的第一印象，可以对人的心理产生积极或消极的诱导性启示，物质载体的直观性还具有启迪人们思考的教育宣传作用，物质载体是社会生产和居民生活的物质基础，良好的物质载体基础可以带来较好的综合效益。

第二节　海绵城市的概念辨析

一、海绵城市的兴起背景

改革开放以来，我国经济长期处于高速发展的状态，城市建设有了长足的进步，城镇化率从 1978 年的 17.92% 提高到了 2015 年的 56.1%，部分地区已超过 70%，这足以证明我国已经由农业大国转型成了城市化的工业大国。然而，随着我国城市群的崛起和城镇化的快速发展，立足于工业化时代的传统城市建设模式暴露出越来越多的弊端，尤其是生态环境问题日益突显，其中城市水患问题更是成为许多城市发展的最大制约因素。

通常，降雨量的 70% ~ 80% 会形成径流，然而由于屋面、地面和道路建设形成的下垫面硬化，所以只有 20% ~ 30% 的雨水渗进了地底。硬化的下垫面对自然生态的本底产生了破坏，进一步对自然"海绵体"也产生了破坏，从而导致城市每逢下雨就出现涝灾，雨后就旱，让水资源、水生态和水环境受到污染和损害，很难确保水安全。

为应对城市发展所面临的严峻的水患问题，国际上进行了将海绵城市作为重点研究的探索，实行有规则的、地域性的规划设施建设。自 2000 年以来，我国提出了许多建设中国特色海绵城市的设想，对我国城市的水患问题及其雨水资源的合理利用问题进行了深入研究和探索。为大力推进海绵城市建设，国家和地方政府部门相继出台一系列政策法规，鼓励探索中国特色海绵城市道路，并在若干城市优先试行，为在国内全面推广海绵城市建设积累经验，进而从整体上提升我国城市水利用与处理能力。

国务院办公厅、国家水利部门、住房和城乡建设部、生态环境部和发改委等单位在对城市的排水防涝难点、城市内涝难点以及低影响发展雨水体系建设难点等问题充分调研的基础上，陆续发布了一系列文件，出台了有关政策。增加生态利用和雨水的收集是符合可持续发展意义的生态作业，它能够缓解城市的内涝，有助于恢复城市吸收雨水的功能。从 2001 年开始，住房和城乡建设部和发改委一同开展国家节水型城市建设的工作，近年来，我国先后颁布了《国务院关于加强城市基础设施建设的意见》（国发〔2013〕36 号）和《国务院关于实行最严格水资源管理制度的意见》（国发〔2012〕3 号）等文件，明确要求建立节水型城市并加快建设步伐，并把节水放到人民政府的考核内容当中。

在相关行业和学术领域对城市雨洪综合管理利用这一先进理念的呼吁下和政府对新型城镇化建设的生态思想指导下，我国多个省市先后出台了相关的海绵城市建设计划。

为应对城市水灾问题，2011 年两会期间，刘波作为全国人民代表大会的代表之一，提交了《关于建设海绵体城市，提升城市生态还原能力》的提案。"海绵城市"的含义第一次提出是在"2012 低碳城市与区域发展科技论坛"上。习近平总书记在 2013 年 12 月 12 日召开的中央城镇化工作会议上明确指出，提升城市排水系统时要优先考虑把有限的雨水留下来，优先考虑更多利用自然力量排水，建设自然存积、自然渗透、自然净化的海绵城市。2013 年 3 月，在中央经济领导小组第五次会议上，习近平总书记发表了新时代的治水策略，就是"节水优先、空间均衡、系统治理、两手发力"，进一步强调要有"建设海绵家园、海绵城市"的思想。同年 4 月，习近平总书记在有关确保水资源安全的讲话中郑重宣布，要依据我国资源环境的负担程度来建设科学适当的城市化布局；尽力降低大自然的损害程度，节省水、能源、土地资源等；解决城市缺少水资源的难题，一定要协调自然和城市的关系，建立一个净化自然、渗透自然和积存自然的"海绵城市"，在城市建设计划里要体现"山水林田湖"的生态集合体体系观念。

为了贯彻执行习近平总书记的上述讲话精神，住房和城乡建设部城市建设司编制了《海绵城市建设技术指南——低影响开发雨水系统构建（试行）》（国办发〔2015〕75 号）（以下简称《指南》），阐明了海绵城市建设方针政策。2014 年 12 月，水利部、财政部、住房和城乡建设部联合下发了《关于开展中央财政支持海绵城市建设试点工作的通知》，推出 16 个城市作为我国第一批海绵城市进行试点建设。至此，拉开了中国多方位建立海绵城市试点工作的帷幕。由此可见，"海绵城市"这一城市建设新理念正是为了解决我国城市发展面临的日益严峻的水患问题，适应我国城镇化加速发展的需要而提出的。

二、海绵城市的内涵与特征

（一）海绵城市的内涵

海绵城市顾名思义，即城市在适应水环境变化和应对水患等自然灾害时，能够像海绵一样，具有良好的"弹性"，下雨时吸收水分、储存水分、渗出水分、净化水分，当需要时它会将蓄存的水"释放"并加以利用[1]。

---

① 李艳伟.屋顶绿化对海绵城市建设作用初探 [J]. 山西建筑，2018，44（3）：211-212.

随着我国城镇化进程不断加快，快速发展相伴的消极影响也随之逐步浮现，传统快排模式的雨洪管理方式已经不能符合城市的需要，大范围、高频率、程度深的城市内涝问题凸显。因此迫切需要创新城市管理方式来改善频发的城市内涝问题，"海绵城市"这一结合国外雨洪管理经验的中国表达开始进入人们的视野。

在整理国外对于此类城市雨水管理系统的相关理论和实践中发现，人们对于此种雨洪管理体系的称呼不尽相同，也没有统一的定义，但这些不同称呼背后的核心基本一致，即一种新型的城市雨水管理系统。这种管理体系建立在尊重大自然的前提下，目的是推动城市的可持续发展，减少城市内涝的发生。

我国在对这种城市雨水管理或称雨洪管理形式的名称下定义时，将城市生动的比喻成"海绵"，即具有很强的弹性及吸附力，在建设中使城市成为一块巨大的"海绵体"，在应对城市内涝等灾害方面展现出较强"弹性"，在城市雨水资源丰富的时候吸收储蓄水分，在城市水资源较少时将丰水期存储的水"缓释"，在此过程中逐步接近实现"重塑城市水生态、涵养城市水资源、改善城市水环境、提高城市水安全、复兴城市水文化"的多重目标。实际上，海绵城市就是这样一种对城市雨水资源进行管理的新型方法及策略。

在习近平总书记讲话和政策法规中对于海绵城市的定义都有明确的阐释，学界对于海绵城市定义的界定虽然具体字眼上有差异，但其核心也都基本一致。在国务院办公厅、水利部、住房和城乡建设部等下发的政策文件中，从城市规划、风景园林设计以及工程建设等多个角度中对于海绵城市做出表达。综合这些文件精神，结合学界对于海绵城市的定义，本文对"海绵城市"这一概念做出如下界定。

海绵城市是指通过城市规划管理等顶层设计，综合采用"渗、滞、蓄、净、用、排"的方式，利用低影响开发等工程技术，充分发挥城市基础设施及其自身的生态系统对雨水的吸纳、蓄渗和缓释作用，实现自然积存、自然渗透、自然净化的城市发展方式。

（二）海绵城市的特征

1. 水资源循环性

海绵城市建设的出发点是更好地进行生态保护，做到人工与自然的有机结合，所以在海绵城市建设过程中十分注重对原始水文的保护，使雨水循环系统加入城市整体水循环体系之中，又不至于破坏原有的城市水循环和生态体系。依靠城市自然环境的综合利用来吸收、存储大气降水和地下水，通过雨水资源

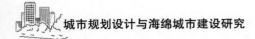

的净化再利用最大程度地发挥作为可再生资源的雨水在城市生态中的作用。

2. 城市建设复合性

海绵城市作为一种新兴的城市建设理念，在该理念提出之初，就充分考虑到作为建设主体的城市所需要包含的环境保护、灾害控制以及城市自身所需要的景观塑造与城市设计等问题。

3. 设定目标可达性

海绵城市的设定是从现阶段的城市发展状况出发，不同于以前提出的园林城市的发展模式。它通过合理地设计与规划，景观设计、工程建设和管理等手段容易实现，所以具有很强的可行性。

4. 资源利用集约性

海绵城市建设的背景是新型城镇，依照该理念建造的新型城镇可以有效地协调自然资源在城镇不断发展中所逐渐呈现出的矛盾，有利于实现可持续性发展。同时，海绵城市强调土地的合理再开发，注重提高土地开发强度和增加附加功能，通过合理设计和规划管理，融合集约发展的理念，实现生态型雨水管理。

三、海绵城市的相关概念

（一）弹性城市

弹性城市源于"弹性"的相关研究，并在此基础上衍生发展而来，在生态学领域，生态弹性始于 20 世纪 70 年代，主要研究生态恢复力的稳定性、抵抗力和恢复时间。当弹性理论被引入城市系统时，它极大地扩展了视野，并形成了新的研究内容。阿尔伯蒂（Alberti）与马兹卢夫（Marzluff）在 2004 年将弹性城市定义为：在一系列结构和过程变化之前，城市可以吸收和解决的变化能力与程度。威尔班克斯（Wilbanks）与萨斯耶（Sathaye）在 2007 年将弹性城市定义为：城市系统准备、响应和恢复特定的多种威胁的能力。与传统城市面对自然灾害等外部干扰时的脆弱性相比，弹性城市在防灾、适应气候变化、风险管理等方面更具综合性和前瞻性。

（二）生态城市

生态城市的思想直接起源于 1898 年霍华德在《明日的田园城市》一书中提出的应该建设一种兼具城市和乡村优点的理想城市——"田园城市"的理

念。1971 年联合国教科文组织首次提出生态城市的概念，将其定义为："从自然生态学和社会心理学的角度出发，创造一个可以充分融合技术、自然与人类的活动，诱导人类创造力和生产力以及提供高水平的物质和生活方式的最佳环境。"1981 年苏联城市生态学家尼茨基提出生态城市的理想模式是技术和自然的充分融合。1989 年国内学者黄光宇教授在其《论城市生态化与生态城市》一文中提出"人、自然、环境相互融合，互惠共生"的生态城市理念。海绵城市属于生态城市的类别，它是生态城市功能的可视化，实现人类与水资源利用与水环境的和谐共存，达到城市资源可持续发展的效果①。

四、海绵城市的六大功能

（一）"渗"

"渗"即让雨水自然入渗，涵养地下水，利用透水材料将地面雨水渗入地下，具体的海绵措施有透水铺装和绿色屋顶等。

1. 透水铺装

透水铺装是指在传统路面铺装材料基础上加工而成的一种透水性铺装，目的是取代传统的水泥沥青路面增加城市透水面积，主要应用于停车场、人行道及荷载较小的小区道路、非机动车道等。

透水铺装可由透水混凝土、透水沥青、可渗透连锁铺装和其他材料构成。透水铺装结构应符合《透水砖路面技术规程》（CJJ/T 88—2012）《透水沥青路面技术规程》（CJJ/T 190—2012）相关规定。

姚莎莎等人模拟了在 200 mm/h 特大暴雨下，透水铺装材料陶瓷透水砖、透水混凝土砖、砂基透水砖、细砂、粗砂、糠粱砂、碎石的保水率和渗透率，并确定了保水性最好的材料是细砂，渗透效果最好的材料是砂质材料。

《透水沥青路面技术规程》（GJJ/T 190—2012）中指出，根据结构和材料的不同，透水铺装可以分为排水型路面、半透型路面和全透型路面。排水型路面即面层使用透水材料，基层采用沥青等不透水材料，地面径流可以渗入面层，但由于基层加设了沥青封层，地面径流不能渗入基层，此类透水铺装对降雨径流的控制效果一般，但造价较低，一般应用于机动车车道。

半透型路面是指面层和基层均为透水材料，且基层使用透水性能较好的级配碎石等，地面径流可以透过面层和基层，通过侧面排出，但地面径流不能渗

---

① 张丽君.中国西部民族地区生态城市发展模式研究 [M].北京：中国经济出版社，2016.

透入土壤基层。此类透水铺装对地面径流的控制效果较好，一般在使用排水型透水铺装使路基强度和稳定性存在较大风险时，可采用半透水铺装；全透型路面是一种面层、基层、土壤基层均为透水材料的透水铺装。这种铺装对降雨径流控制效果最佳，但由于此类铺装均由透水材料组成，承载能力较为一般。因此，此类铺装一般用于公共区域内场地铺装（人行道、广场、停车场等地方）。

当土壤透水能力有限时，应在透水基层内设置排水管或者排水板；当透水铺装设置在地下室顶板上时，其覆土厚度不应小于 600 mm，并应增设排水层。

排水型路面可以降低区域 10% 的径流系数，径流系数为 0.7 ～ 0.85，使用排水型路面对峰值流量没有削减和滞后的作用。半透型路面对地表径流的削减效果可达 50%，径流系数小于 0.45，并且洪峰削减比例随着渗透材料厚度的增加而增加。而全透型路面对地表径流效果最佳，对径流的控制率在 90% 以上，径流系数为 0 ～ 0.1。

2. 绿色屋顶

绿色屋顶是指在建筑物、构筑物顶部进行植物种植及配置，且不与自然土层连接的绿化方式。绿色屋顶不仅可以吸收和降低降雨径流量，还有滞后峰值流量等功能，同时也起到了景观美化的作用，已经成为城市立体绿化的一部分。

（1）绿色屋顶的种类

绿色屋顶根据不同的使用情况有不同的类型和种类。按使用要求分不同分为：公共休闲型、经济生产型、科研技术型；按建筑高度不同可分为低层式和高层式屋顶绿化；按屋顶的建筑载体不同可分为地面建筑屋顶绿化和地下构筑物上的屋顶绿化；按屋顶形式不同可分为平屋顶、坡屋顶、曲面屋顶；按绿化形式不同可分为成片状种植区、分散和周边式；按空间开敞程度不同可分为开敞式、半开敞式和封闭式；按照植物的种类和基层构造不同也可以分为拓展型绿色屋顶和密集型绿色屋顶。

（2）绿色屋顶植物的选择

绿色屋顶受多方面条件因素约束，应根据绿色屋顶所在地区选择特定的植物种植，如南方温度高降雨量大，因此选择耐高温、耐积水、耐光照的植物；而在雨量相对较少的西北方，应选用耐旱、耐贫瘠的植物。而且由于屋顶的特殊性，应选用较为容易存活，养护要求较低的矮小灌木和草本植物。在选择的植物符合环境要求的同时，屋顶的植物也需要有一定的观赏性。

（3）绿化屋顶的功能研究

龚克娜等人的研究表明，绿色屋顶的雨水调蓄能力较好，其雨水调蓄能力与基质层厚度成正比关系。绿色屋顶通过种植层和基质层对雨水径流的调控作用，可以减小降雨径流量、延缓产流时间，对洪峰流量有较好的削弱效果，是一种有效的海绵措施。车生泉等人的研究表明，绿色屋顶的基质配比为壤土：珍珠岩：椰糠 =1 ∶ 2 ∶ 1，且保水剂聚丙烯酸钠用量为 4 g/L 时，绿色屋顶对雨水径流的滞蓄能力最佳；当绿色屋顶基质配比为壤土：珍珠岩：椰糠 = 1 ∶ 1 ∶ 2 时，其对氨氮的净化效果最好；当基质比为壤土：珍珠岩：椰糠 = 1 ∶ 1 ∶ 1 时，其对重金属铅和锌的净化效果最好；在保水剂聚丙烯酸钠的用量上，当其用量为 2 g/L 时，绿色屋顶对氨氮和锌的净化效果达到最佳。

（二）"蓄"

"蓄"即调蓄，既起到雨水径流调蓄作用，也为雨水资源化利用创造条件，收集的雨水可用于浇洒道路和绿化，具体的海绵措施有湿塘、雨水调蓄池等。

具有渗透功能的综合设施（雨水花园、下凹式绿地等），蓄水最大深度应根据该处设施上沿高程最低处确定。

1. 湿塘

湿塘指具有雨水调蓄和净化功能的景观水体，雨水同时作为其主要的补水水源。湿塘有时可结合绿地、开放空间等场地条件设计为多功能调蓄水体，即平时发挥正常的景观及休闲、娱乐功能，暴雨发生时发挥调蓄功能，实现土地资源的多功能利用。湿塘一般由进水口、前置塘、主塘、溢流出水口、护坡及驳岸、维护通道等构成，湿塘的调节容积即湿塘的削峰流量；湿塘的泄空管管径由湿塘的削峰流量确定；湿塘的溢流出水口包括溢洪道和溢流竖管，溢洪道排水能力根据上游超标雨水排放能力确定，溢流竖管（排水孔）的排水能力是指泄空时间内排完调节容积[①]。

2. 雨水调蓄池

雨水调蓄池是指具有很大的蓄水能力，并且具备良好的滞洪、净化等生态功能的雨洪集蓄利用设施。其原理是在降雨达到一定强度时，将形成的雨水径流的峰值流量暂时储存起来，待洪峰流量下降之后将多余雨水排出。

（1）雨水调蓄池功能

调蓄池设计总体有多种功能：初期污染防治、雨水回收利用、城市内涝防治、合流制溢流控制以及以上几种功能的联合目标，雨水调蓄池的功能根据雨

---

① 黄舒爽 . 道路绿地中海绵城市建设理念的运用与思考 [J]. 江西建材，2016（16）：41.

水调蓄池所放置位置的不同而不同。

（2）雨水调蓄池结构

雨水调蓄池的蓄水池可以采用混凝土池、塑料模块蓄水池、硅砂砌块水池等。蓄水池可以分为开敞式、封闭式、矩形池和圆形池等。蓄水池的有效储水容积应该大于集水面重现期 1 ~ 2 年的日径流总量减去设计初期径流弃流量。

（三）"滞"

"滞"即错峰，延缓雨水径流的峰值出现时间，降低雨水径流的峰值流量；具体的海绵措施有下凹式绿地等。

下凹式绿地又可称为下沉式绿地，有广义下凹式绿地和狭义下凹式绿地之分，而海绵城市中的下凹式绿地通常是指狭义下凹式绿地，即一种比道路或者地面下凹 150 ~ 300 mm 的绿地系统。下凹式绿地利用其下凹的结构将所收集的降雨径流进行收集和截留，显著减少降雨的洪峰流量，并对径流污染物也有一定的去除效果，目前广泛应用于公园绿地、居住小区绿化等区域 [1]。

下凹式绿地的结构相比雨水花园等措施的结构来说较为简单，包括表面的绿化覆盖层、土壤层、排水层。

（四）"净"

"净"即净化，将径流收集的雨水进行处理，达到对雨水的净化、减少面源污染，改善城市水环境的目的，具体的海绵措施有人工湿地等。

人工湿地是指人工形成的带有静止或者流动水体的成片浅水区。人工湿地利用物理、水生植物及微生物等作用净化雨水，是一种高效的径流污染控制设施。按照水流流动不同，将人工湿地分为表流人工湿地和潜流人工湿地。

水力负荷、进水溶解氧和基质种类等是影响人工湿地对污染物去除率的主要因素。范英宏的研究表明：随着水力负荷降低，化学需氧量、总氮、氨氮的去除率显著提高，总磷的去除率随着水力负荷降低而提高，进水溶解氧浓度对化学需氧量和总磷的去除效果影响不大，但对总氮和氨氮去除效果影响显著。陈文虾的研究表明，沸石作为人工湿地处理酸性含铅废水的基质，对铅的处理效果很好。

（五）"用"

"用"即雨水回用利用，起到充分利用水资源的作用。回用的雨水可以用于绿地浇灌、道路场地冲洗、水景补水、冷却水的补水等。根据小区实际的

① 郭创，李向冲.广东某工业大学校园雨水综合利用浅析 [J].珠江水运，2017（13）：59-60.

绿地浇灌、道路场地冲洗、水景补水等的用水量设置蓄水池或者其他雨水回用设施。

（六）"排"

"排"即雨水安全的排放，削减内涝风险；将小区道路或者屋面的雨水进行转输和排放，具体的海绵措施有高位花坛和植草沟等。

1. 高位花坛

高位花坛是一种使雨水从相对较高距离的进水口进入基质内，通过基质对径流污染物的净化作用使径流达到净化效果，并最终从相对较低距离的出水口流出的一种可以对雨水径流污染物进行净化的花坛，同时，高位花坛也具有一定的景观美化功能。高位花坛的原理是通过基质的选配填充使花坛具有高雨水负荷量及污染物去除速率，从而达到城市径流的削减与净化目的。

高位花坛因放置位置不同分为道路绿化带高位花坛和屋顶高位花坛。道路绿化带高位花坛的地面海拔要在路面海拔以下，便于路面径流汇流收集，其高位是其进水口相对于出水口；屋顶高位花坛主要的作用是收集处理屋顶雨水并与相应设施结合回用屋顶雨水，达到雨水就地净化、储存、利用的目的。

2. 植草沟

植草沟是通过种植密集的植物来处理地表径流的设施，利用土壤、植被和微生物来过滤雨水、减缓径流，可用于衔接其他各单项海绵设施、城市雨水管渠和超标雨水径流排放系统。主要有转输型植草沟、渗透型的干式植草沟和有水的湿式植草沟，可分别提高径流总量和径流污染控制效果[①]。

对于不透水铺装停车场，植草沟面积约为停车场面积的 1/4，小区内中小型停车场中其宽度为 1.5 ～ 2 m；对于透水铺装或者铺装草坪的停车场，植草沟的面积约为停车场面积的 1/8 ～ 1/10，宽度大于 0.6 m。

---

① 杨瑞卿，陈宇. 城市绿地系统规划 [M]. 重庆：重庆大学出版社，2019.

第三节　海绵城市理念的提出

一、海绵城市理念的提出

2013年12月，习近平总书记在中央城镇化工作会议上提出"建设自然积存、自然渗透、自然净化的海绵城市"，"海绵城市"理念应运而生。海绵城市，从字面上可以理解为像海绵一样的城市。海绵具有良好的"吸水、持水、释水"的水力特性，在城市中则具体表现为下雨时吸水、蓄水、渗水、净水，需要时将蓄存的水"释放"并加以利用。通过自然途径与人工措施的结合，在保障城市排水防涝安全的前提下，最大限度地实现雨水在城市区域的积存、渗透和净化，促进雨水资源的利用和生态环境保护。

2015年10月，国务院办公厅发布《关于推进海绵城市建设的指导意见》（国办发〔2015〕75号），要求综合采取"渗、滞、蓄、净、用、排"等措施，将70%的降雨就地消纳和利用，到2020年，城市建成区20%以上的面积达到目标要求；到2030年，城市建成区80%以上的面积达到目标要求。由于海绵城市理念相对较新，其理念与城市建设下水资源开发利用也十分契合，但并不是所有城市都适合海绵城市的开发理念。因此，要根据各个城市的具体人文、地理、经济、社会发展等实际情况和目标需求，坚持因地制宜、个性化设计的城市规划原则，避免生搬硬套、完全复制其他城市的海绵城市理念。

二、海绵城市理念的应用优势

首先，可以有效减少城市内涝情况的发生。在传统的城市建设中，通常是利用排水设施和排水管道来进行城市排水，但是在出现大量降雨的情况时，很多排水设施和管道无法满足城市排水方面的要求，导致城市出现严重内涝。因此，可以通过建设海绵城市道路的方式实现对雨水的吸收和存储，为人们的日常生活及城市的良好发展提供切实可靠的保障。

其次，可以有效提升城市水资源的利用率。在传统的城市建设中，水资源的利用率很低，雨季到来时，无法对水资源进行有效的利用，而干旱季节则需要从水源处采集生活和生产用水，造成大量水资源的浪费。

因此，在市政道路工程建设过程中，可结合海绵城市理念，提升城市水资源的利用率。在雨季，可以收集和存储雨水，并将其用到农业或者工业生产中，对于城市的可持续健康发展具有非常重要的意义。

三、海绵城市理念应用的具体措施

（一）合理进行城市绿化带设计和布置

绿化带的设计和布置是市政道路建设中常用的绿化方式之一，通过科学合理的绿化带布设，可以实现对雨水的收集和存储，特别是在降水比较多的季节，可以有效避免雨水聚集。通过绿化带的合理布设，也可以有效提升城市道路的绿化质量和绿化效果，最大限度减少水资源的浪费，实现水资源的循环再利用。在实际的绿化带设计和施工过程中，要充分考虑施工周围土地对于雨水的渗透能力，采用更加适合当地施工环境的设计方案，使绿化带成为天然的雨水收集设施。

（二）下沉式绿地与视觉景观设计

下沉式绿地设计可以提高市政道路对雨水的收集和存储能力，从而避免道路积水情况的发生。但是下沉式绿地设计对于施工标准等方面的要求很高，因此为了保证设计方案的实用性和可行性，必须由比较专业的设计人员来进行方案设计，使其更加符合后期使用的要求。

（三）城市道路施工材料的选择

施工企业在选择建筑材料时，不仅要保证城市道路的施工质量，而且也要满足道路在雨水渗透和雨水收集方面的要求，提升城市道路的实用性及在生态环境保护方面的重要作用。在城市道路材料的选择上，应该尽量选择符合海绵城市透水性要求的建筑材料，以提升路面对雨水的渗透能力，减少路面雨水的积存，保证道路在降水较多时的正常使用和道路安全。在道路施工过程中，也应该选择健康环保的建筑材料，避免施工材料对于周边环境的破坏和污染，将可持续发展和绿色施工理念贯彻到城市道路施工过程之中。

第四节 海绵城市建设的意义

一、海绵城市建设的优势

（一）改善环境

目前，虽然社会经济在不断发展，人们的环保意识也在逐步提高，但是，在城市内部仍然存在很多不文明现象。如仍然有很多人在城市道路上乱扔垃圾，下雨时，经常会出现雨水将垃圾一同冲走的现象。雨水在进行道路冲刷的过程中会将一部分重金属元素带入河流，对径流造成污染。在城市设计与建设过程中应用海绵城市理念，是解决这一问题的有效途径。在海绵城市中，由于路面能够渗透雨水，因此减少了雨水在冲刷道路过程中携带垃圾汇入径流的可能性。

另外，在海绵城市设计与建设过程中，可以在城市内部设置一些雨水过滤层，对水源中的污染物有效地吸附或清理，最大限度地避免雨水中的污染物随着雨水汇集到地下水中，造成地下水的污染。通过这样的方式提升雨水质量，对地球的生态环境能够起到一定的保护作用。

（二）补充地下水

我国城市地下水资源匮乏，这主要是由过度开采及城市内部道路的渗透性较差引起的。因此，城市道路设计应贯彻海绵城市理念。我国传统的道路铺设观念盲目追求快速排水，导致雨水降落后立刻被排放至江河中，雨水很难得到高效利用，城市地下水资源也无法通过雨水的渗透等进行补充，直接造成了城市地下水资源匮乏。海绵城市道路设计则通过渗透性材料的科学、合理应用，使雨水能够通过道路渗透进地下，并在渗透过程中被层层过滤，城市水资源得到了补充的同时，也保证了城市地下水资源的洁净。

（三）水资源的合理二次利用

目前较多城市的水资源供应紧张，虽然雨水占水资源较大比例，但是目前缺乏对雨水资源利用的研究，雨水的有效利用是一个值得长期探索的课题。如果能够解决雨水的存储问题，那么雨水资源的二次利用将具有极大的可能性。建成的海绵城市系统具备雨水的储备和净化功能，在完成雨水水质的改善后将雨水集中存储，有效解决了雨季雨水的排放问题。处理后的雨水可直接用于城市绿地浇灌、夏季道路浇洒等，既节约了城市有限的水资源，又降低了雨季雨水对城市的不利影响。

（四）降低城市排水系统的巨大压力

海绵城市建设能够有效地改善我国城市的排水压力。一直以来，我国城市道路设计盲目追求"快排"，路面铺设采用不易渗水的材料，导致雨水排放只能够依靠城市排水系统，对城市的排水系统造成了巨大压力。一旦出现在市区范围内降水量较大、降水速度较快的情况，就很容易导致城市排水系统瘫痪，继而引发城市道路积水乃至内涝，为城市居民的生活与出行带来不便甚至危险。应用海绵城市设计理念则能够提升城市内部的渗水能力与蓄水能力，从而降低城市排水系统的压力，降低城市发生积水或内涝的风险，保证城市居民生活的安全、便利。

（五）提高城市应对极端天气的能力

极端、恶劣的天气会对城市居民的工作和生活造成困扰，具有科学性设计的市政排水工程可以减缓极端天气带来的不利性影响，恢复城市生活的正常秩序。设计工作者应借鉴先进的经验和成功的案例，对排水设计做出科学性调整，在实践过程中逐步完善设计方案，以满足城市化建设的需求。海绵城市系统不仅可以提升排水效果，而且还具有雨水的存储功能，收集雨水可进行二次利用，缓解城市用水压力。海绵城市的排水系统可以解决地面大面积积水问题，对城市的洪涝防控具有重要意义，同时可以提升人民的生活质量，保障居民的出行安全。

（六）提升城市综合品质，提高居民幸福指数

海绵城市的排水系统与传统模式有很大的不同。通常情况下传统排水系统都无法实现对水资源的控制及再利用，如遇到极端恶劣的天气，排水系统的设计处理流量不能满足使用需求，这也是城市发生水患的重要原因。海绵城市排水系统的优点是可以在原有排水系统的改进基础上，有效修复系统的破损部位，防止恶劣天气对城市排水系统造成破坏，保障人们在恶劣天气的出行安全，同时还具有对水资源的净化和再利用功能。

海绵城市的排水系统设计理念是在传统的排水系统基础上，先进行必要的检查和维修，发现问题及时整改，修整原有排水系统的管道，然后进行整体调试，提高排水系统的排放能力，优化排水系统的性能，通过不断研究和探索，提升海绵城市的技术水平和工程适用性。

二、海绵城市建设的意义

（一）经济意义

近些年来，各地不断出现洪水内涝现象，不仅造成了难以估计的经济损失，甚至还出现了人员伤亡的情况。海绵城市采取了一系列的雨水管理措施，能够有效地减少地表径流，滞后洪峰时间，使地表雨水能够有效地下渗，减轻市政排水管网的压力，同时能够对雨水进行净化、吸收，有效地补充地下水源。从防洪减灾的角度来看，海绵城市能够与雨洪和谐共存，具有"弹性适应"自然灾害的能力，减少洪涝灾害产生的经济损失。

（二）社会意义

海绵城市的建设具有很强的社会意义。海绵城市涉及的领域众多，无论是新城建设还是老城改造，都与海绵城市息息相关。海绵城市建设当中涉及的范围很广，包括公共建筑、居住区、道路、广场、绿地、城市水系统循环等。加强海绵城市的建设不仅可以有效地改善居民的生活环境，而且还可以带动相关产业的发展。

（三）生态意义

从生态环境的角度，海绵城市建设要求城市建设和发展与自然环境相协调，不污染环境，不破坏生态，更要提升生态质量。海绵城市的建设，可以有效减少城市建设当中对自然环境的破坏，保护自然的水生态环境，维持生态平衡，调节生态气候，减少热岛效应。海绵城市还有含蓄水源，调节雨洪，促进自然界水循环平衡的作用。

三、海绵城市的发展前景

海绵城市在建设过程中涉及市政规划、水利、土地利用、道路、建筑、给排水、环境工程、景观、园林绿化等诸多专业。在海绵城市的建设过程中，大到一个城市的整体规划，小到一个花园、一个住宅小区的建设，都需要政府行政牵头。先是规划审批，各建设管理部门审核把关。再是设计院做出具体设计，将海绵城市的理念落实于图纸中。建筑由图纸到建成需要施工、监理还有投资、质量检测部门的参与。在运行管理过程中，需要借助在线监测数据和模拟仿真技术，检验各个项目是否达到了海绵城市规划目标要求。监测海绵体的长期运行效果，及时发现运行风险及问题。同时需要对海绵城市规划建设的全过程信息进行有效记录，支持海绵城市建设全生命周期的管理，为海绵体的建设、运行、考核提供依据，保障海绵体的持续运营。由此可知，海绵城市建设几乎关系工程建设的方方面面，是一项需要多专业、跨领域协作的大型工程。海绵城市建设规模巨大、涉及面广，是一项波及全国、涉及全民的工程理念和行动。

目前，我国海绵城市试点范围不断扩大。从 2015 年 4 月第一批国家海绵城市试点开始，到 2020 年年初，全国范围内已经有超过 370 个城市开展了海绵城市规划的相关工作。国家级海绵城市试点达到了 30 个。此外，江苏省、浙江省等十多个已经开展了海绵城市省级试点的省份，已有将近 90 个省级试点城市被选出。

近年来，海绵城市试点取得局部突破成绩，如上海临港滴水湖、金华燕尾洲公园、天津桥园公园等试点均达到不错成效。以上试点的成功建成在社会上得到了良好的反映，丰富了城市公共开放空间，构建了绿色宜居的生态环境，缓解了水资源供需矛盾，从而起到了提升城市品质与城市整体形象的作用。

第二章　城市规划设计的生态环境问题

随着生态建设的全面落实,各地区都在不断探索生态城市建设规划路径,城市生态规划要充分的利用现有自然资源,做好源头规划设计,基于生态原则与可持续化发展原则,做好环境问题治理与保护工作。城市生态规划设计要以生态学知识为基础,结合科学、系统的城市规划设计技术,实现经济、社会、环境共同协调发展。本章分为城市生态环境及相关概念、城市规划中的生态环境保护、城市规划中的生态环境建设三部分。主要内容包括:生态城市概念的提出、城市化发展带来的环境问题、生态城市建设的基本要求、生态城市建设的重点内容等方面。

第一节　城市生态环境及相关概念

一、当代生态思想的主旨

(一)领悟幸福真谛,自觉珍爱自然

经济在日益发展,人民健康幸福的生活却得不到保证,"经济上去了,但环境污染了,老百姓的幸福感大打折扣,甚至强烈的不满情绪上来了,那是什么形式?""良好生态环境是最公平的公共产品,是最普惠的民生福祉。对人的生存来说,金山银山固然重要,但绿水青山是人民幸福生活的重要内容,是金钱不能代替的。你挣到了钱,但空气、饮用水都不合格,哪有什么幸福可言。"朴素直白的语言一语道破人所追求的幸福真谛。追求幸福,是一切生命的权利。于人而言,生活在宜居的环境里、呼吸新鲜的空气、食用无污染的水和食物是再正常不过的想法。可如今,这样基本的幸福已被人类自己破坏了。要想恢复美丽家园,首先必须领悟到幸福的真谛,认真而彻底地反思自身的行为,进而为追求更高的幸福甘愿保护生态环境。

（二）促进生态正义，共建美丽家园

生态正义倡导人类对自然造成的伤害进行弥补，并且不再强调自我中心，以一种新的秩序维护人与自然的关系。有学者指出："生态正义理念基础上生态公共性观念的形成与确立，无疑是当今处于深度迷茫与危机之境遇中的人类精神之自我拯救的最有效之途。"

同样地，《习近平谈治国理政》第二卷"决胜全面小康社会""坚定不移贯彻新发展理念""在发展中保障和改善民生""建设美丽中国"等专题中都深刻阐述了生态文明建设的重大意义。共建美丽家园，才能共享美好家园。共享美好家园，需要促进生态正义普惠大众。学习这些重要论述，我们可以深刻感受到："环境就是民生，良好的生态环境是人类生存与健康的基础，是最公平的公共产品，是最普惠的民生福祉。"

当人类在经济发展中遭遇了发展的困境，其所带来的局部影响扩展至整体的时候，生态环境已经岌岌可危，而人类的回应却明显迟滞。在逻辑上，人类公共价值信念包含了公共精神和公共价值，而这些都是在生态正义的基础上产生的。生态正义对于一贯的人类中心主义立场是持对立态度的，人类对于自身的活动所造成的结果应该基于生态环境本身的合理性、正当性作出判断。换言之，有悖于生态环境的合理性、正当性，就是不正义的行为。

习近平生态思想针对生态问题提出的一系列科学、合理的论断，在根本上为践行可持续发展观注入了深远持久的力量：在理论上，习近平不仅继承和发展了马克思主义生态观，提出了符合新时代发展特色的道德建设论断，而且深刻阐述了生态思想理论的逻辑进路；在实践上，为促进生态环境的改善，为实现人与自然可持续发展的资源节约型、环境友好型的社会主义生态文明社会提供了宝贵经验，为进一步实现"美丽中国"打下了坚实的理论和实践基础。

二、生态城市概念的提出

20世纪50年代，全球生产力水平不断提升，世界各国开始争先发展重工业，石油、矿产、森林等大量生态资源被大肆开采，严重影响了世界整体的生态平衡。同一历史时期，部分第三世界国家先后出现粮食危机和自然灾害，人的基本生存问题面临巨大挑战。1971年，联合国制订了"人与生物圈"的计划，该计划强调通过对人类生产实践行为和生态环境问题的深入研究，首次提出"生态城市"这一发展理念。

我国的生态城市研究较晚于西方国家。到20世纪80年代，我国经济迅

速发展与生态环境问题之间的不协调越发严峻，国内才正式开始生态城市发展的相关理论研究。其中，最有影响力的是我国生态学家马世骏和王如松所提出的生态城市理论，他们认为生态城市是典型的"社会－经济－自然"复合生态系统。

从90年代至今，我国已经逐步形成了以"社会－经济－自然"复合生态理论为基础的生态城市建设理论。众多学者从城市规划学、生态学、社会学、地理学等多个角度推动我国生态城市理论发展。黄光宇、陈勇基于生态学原理提出：在研究"社会－经济－自然"复合生态系统基础上，使生态学与城市科学相结合，共同推进生态城市建设。梁鹤年基于城市规划原理，强调城市化应当按照城市系统和自然系统各自的发展需要进行合理规划，实现生态城市的可持续性发展。城市规划需要考虑城市的密度，如果城市形态是紧凑的，那么，城市化需要围绕自然生态的完整性来进行；如果城市形态是稀松的，城市化就可以按城市系统和自然系统各自的需要来进行规划。王如松从经济学的角度认为，生态城市要改变经济发展方式，推进经济结构和经济增长方式的调整和改革，从传统循环经济走向现代生态经济；强调要实现从外显消费到以内需为中心的科学消费。由此可见，我国生态城市的理论概念还处于深度探索时期。

综上所述，在我国的生态城市概念的发展中，由于不同学科的参与和对生态城市认识的不断提升，人们对生态城市概念的阐释也在不断发展，至今尚未达成共识。但是在我国生态城市概念中所反复强调的"社会－经济－自然"复合生态系统已经成为学者们的共识，并已经将以建设复合生态系统的城市定义为生态城市。

三、城市生态环境的相关概念

城市生态环境是城市物理基础系统中的一部分，是区域一体化背景下以生态廊道为纽带将自然环境、人工环境、半人工环境联系起来，形成的一个连续而完整的复合生态网络，有助于促进风水、风景、风情可持续健康发展。城市生态环境具有公共品属性、生态属性、空间属性、可持续性四重内涵，公共品属性强调城市生态福利的均等化、可获得性，生态属性注重城市物理基础生态化与城市生态健康，空间属性关注对城市生产生活品质的提升，可持续性强调生态环境自身及对其城市可持续发展的影响。

（一）城市生态环境的系统构成

城市生态环境是格局与过程的统一。格局是空间结构的外在表象，是"斑块－

廊道－基质"分析框架的具体化。过程是生态系统内部与不同生态系统之间物质、能量、信息的流动和迁移转化过程的总称。城市生态环境作为一个有机整体具有其组成单元所没有的特征，不能把其单纯地描述为耕地、牧场、河流、湖泊、森林和公园等的总和。城市生态环境格局整体特征包括一系列相互叠加及在某种程度上相互联系的特征。其镶嵌格局在所有尺度上都存在，并且都是由斑块、廊道和基质构成，即所谓斑块－廊道－基质模式。斑块强调空间的非连续性和均质性，如自然环境、半人工环境、人工环境（自然环境是受人为干扰相对较小的环境类型，具有稳定的生态结构和过程；半人工环境主要位于自然环境与人工环境的交界处，有较稳定的自然生态边界，但由于其生产性需求，稳定性受到一定的影响；人工环境是人群相对集中，人为扰动较大的环境，生态环境分布较为零散，所形成的体系较为脆弱）。廊道是线性景观单元，具有通道和阻隔的双重作用，是不同类型生态环境联系的纽带。基质是面积最大、连通性最好的景观要素类型，因此在景观功能上起着重要作用，影响能流、物流和物种流，在整体上基质对景观动态具有控制作用。山水林田湖城一体化发展，斑块（自然环境、半人工、人工环境）、廊道、基质交叉融合，综合生态、景观、人文、经济及社会因素等，共同构成公园城市复合生态网络。

　　生态环境演变是一个十分复杂的过程，包括物种的运动、水分养分的迁移、人文过程和干扰。生态环境格局的形成反映了不同的生态过程，同时格局又在一定程度上影响着生态环境的演变过程，如物质和能量流动、信息交换、文化特征等。

　　在生态环境演变的过程中，自然和人为两方面因素共同起作用，人文因素随着经济和人口的增长作用越来越大。生态环境的人文过程主要包括利用、改造和融合三个方面，融合过程主要表现在城市发展到一定阶段，为了追求更高的生存目标，通过综合人类活动对生态过程的影响，从整体上探讨生态环境结构和功能方面的协调，以求达到意象上的融合，公园城市即人与自然、城市与环境融合发展的过程。干扰是自然界中无时无处不在的一种现象，直接影响着生态系统的演变过程。干扰分为自然干扰和人为干扰，长时间的干扰会影响生态环境的异质性、破碎化程度、稳定性、物种多样性等格局特征的改变。从系统发展的角度看，其有自身的新陈代谢及人为干预下的生态系统养护管理过程。在这个过程中，涉及能量投入、代谢能量用于系统增长与维护及代谢副产物的产出与处理三个环节，其中能量投入包括自然资源、人造资源、可再生能源的投入使用；系统的增长与维护包括自然生态环境保护修复，半人工环境养护，发掘土地生产潜力，人工环境多样性、系统性、韧性的建设维护，以廊道为纽带的复合性生态网络的建设发展等；代谢副产物的产出与处理包括优化系统提高代谢率，加大对副产物的处理及转化利用比例。不同类型的生态环境交叉融合更加紧密，人工环境生态化程度加深，生态廊道促进生态环境结构及功能连通性增强，使生物多样性得到保护，生态系统整体韧性增强，形成山水林田湖城一体化发展格局；生态系统养护管理过程中熵的转化利用及可持续能源的使用促进系统开放程度加大，积极的系统增长与维护机制促使系统更加丰富完善。公园城市生态环境格局与过程耦合发展，为实现城市的可持续健康发展奠定了生态基础。

（二）城市生态环境的反馈机制

城市生态环境是物种运动中生态网络连通、水分养分迁移中群落结构、人文过程及干扰中生态与人文要素、系统养护管理过程中三大环节等不同过程中各要素互动反馈形成的系统性结果。根据对公园城市及生态环境系统的研究，绘制出城市生态环境反馈机制示意图。公园城市是物理基础系统与社会经济系统相互协调，耦合发展的结果，其中物理基础系统包括生态环境、基础设施、住房，社会经济系统包括社会经济、科技文化、城市治理、人。城市生态环境是物理基础系统的子系统，受系统内代谢过程及系统外各因素的共同作用，在正负两种反馈力的作用下不断优化发展。

城市生态环境系统内主要包括代谢过程中可再生能源的投入配比、熵的产出与处理利用、代谢效率及代谢能量用于系统增长与维护的分配等方面的反馈作用。目前城市能源结构中太阳能、风能、地热能等可再生能源所占比重仍比较低，由于传统能源有限而限制城市发展的可持续性，同时给生态环境造成了极大的压力，所以在生态环境系统增长与维护过程中需要增加可再生能源的投入比例，例如，使用太阳能、风能景观灯具和地热发电装置，铺设压力发电铺装等。

除此之外，还应考虑系统代谢产物的降解处理与转化利用比重，自然环境具有较强的系统稳定性，人为干预较少，代谢能量主要来自大自然，同时代谢熵增又回归大自然，系统稳定而持续地迭代。而半人工环境为提升土地生产力采取的一系列措施给生态环境带来了一定的压力，需要减少农药化肥的使用，降低非点源污染，增加环境代谢中熵的转化利用，如将秸秆降解堆肥养护农田、建设桑基鱼塘、沼气池等，提升半人工环境的可持续性。人工环境受扰动较大且布局分散、群落类型较为单一、生态体系相对脆弱，需要在绿地规划、建设、管理的全过程中，构建系统完善、科学高效、可持续性的整体方案。例如，在方案设计中，充分运用景观要素，增加生物群落的丰富性，提升系统韧性，减少熵增；建设雨水花园、海绵城市等涵养城市雨水，提升熵增处理；管理过程中，降解处理枯枝落叶作有机肥，集中处理城市污水作园林灌溉用水，提高熵的资源化利用比例。

最后，在生态环境建设管理过程中需要调配系统增长与维护的侧重比例，依据系统现状，调控系统数量与质量的发展，加强生态网络建设，提升其连通性及韧性，实现系统正向发展。公园城市生态环境与系统外的互动作用主要表现在其与城市物理基础系统中基础设施及住房的作用，以及其与城市社会经济系统中人、科技文化、社会经济及城市治理之间的作用。

城市化过程是基础设施与住房等灰色空间不断扩张、自然环境不断收缩的过程，给环境造成了极大的压力，灰色空间生态化处理是对生态环境的补偿，同时也助力了生态网络的构建。城市社会经济系统中人是所有系统的纽带，人的生态意识及环保行为直接影响城市发展对生态环境的胁迫程度及建设保护力度。科技文化是影响城市各系统代谢效率及生态环境保护与建设水平的根本，正确引导并应用科学技术，能更科学地建设生态环境、提高能源代谢效率及增加可持续能源的开发使用、提升熵增的处理利用程度。社会经济发展之初，城市代谢效率较低，能源的开发利用与代谢产物的排放等给生态环境带来了极大的压力，发展绿色经济、提升能源代谢效率、减少对生态环境的索取以及污染物的排放是社会经济发展的积极反馈，同时积极引导经济回馈环境保护与建设，实现系统良性互动。

城市环境治理是各级管理者依据国家和当地的环境政策、环境法律法规和标准，从环境与发展综合决策入手，运用法律、经济、行政、技术和教育等领域的各种手段，调控人类生产生活行为、协调城市经济社会发展与环境保护之间的关系、限制人类损害城市环境质量的活动。城市治理不仅需要各部门、各领域的协调调控，治理策略的实施也需要公众参与。城市持续不断地治理可以协调人与自然的关系，促使生态环境健康持续发展。

（三）城市生态环境的系统优化

城市生态环境在系统内外反馈机制作用下不断优化，生态环境与城市空间融合发展，人与自然和谐相处。与生物网络相似，公园城市生态环境系统是空间填充、终端单元不变、系统优化的统一。空间填充主要表现在道路交通网络使城市的每个区域都能得到出行支持，公园绿地使居民能同等的享有，城市真正实现绿色公平等。包含社会经济互动的城市网络构成了社会活动和连通性的反应池，这些网络的不变终端就是与毛细血管、细胞、树叶、叶柄类似的人和他们居住的房屋。另外，城市系统中存在多重反馈和调节机制的作用，使得其网络性能得到了优化。优化的结果是，城市终端单元人的新陈代谢是规模缩放的结果，规模缩放一倍便会产生 25% 的节余，农田、鱼塘等半人工环境的产物是人新陈代谢的主要能量来源，所以其优化结果同人体系统的规模缩放一致；城市物理基础设施网络在社会互动下不断优化发展，形成亚线性增长模式，规模每扩大一倍便会产生 15% 的系统性节余；城市社会经济系统是在物理基础上人与人互动形成的关系体系，丰富多样的物理基础能够激发人的互动联系。同时，社会经济系统的绿色发展能够减少能源投入与无序产物产生，以此优化网络系统，促使其在城市新陈代谢过程中呈超线性模式增长，城市规模每增长一倍，便会带来 15% 的系统性收益。

第二节　城市规划中的生态环境保护

一、城市化发展带来的环境问题

我国 2019 年国民经济和社会发展统计公报显示，全国城镇化比例已达到 60.60%。运用以往的模式搞城市建设致使灰色建筑的数量增长迅速，导致城市不透水面积大幅上升，许多能够保持水资源的天然湿地、草地和湖泊被占用，阻截了雨水的下渗及地下水的天然补充，城市整体下渗率随之降低，切断了原有的自然水文路径。地表径流量和洪峰流量增大，提前了洪水高峰出现的时间，缩短了地表雨水汇集的时间，城市对暴雨的抵抗力大大降低，危害严重。

传统的治水理念强调排水和防水，利用灰色管道将降落的雨水迅速排走以防止内涝，可随着全球气候变化，加之现有城市市政排水设施的陈旧老化，现有的市政管道往往难以抵御瞬时暴雨。比如，近些年我国各大城市经常陷入"看海"的状况，时常出现"逢雨必涝，雨后必旱"的情况。我国水利部的数据显示，2018 年全国各城市因城市内涝造成的受灾人口大约有 5576.55 万人，紧急转移 836.25 万人，其中，因灾死亡 187 人、失踪 32 人；此外，有 83 座城市出现过内涝或进水受淹的问题，倒塌房屋 8.51 万间，直接经济损失占当年 GDP 的 0.18%，数字为 1615.47 亿元。2012 年 7 月 21 日，北京的特大暴雨洪涝灾害灾情严峻，举世震惊。此次特大暴雨洪涝灾害造成全市大面积受灾，受灾人口约 77.76 万人，死亡 78 人，紧急转移安置 9.59 万人，直接经济损失达 159.86 亿元。

城市化快速发展是城市洪涝频发的基本背景，气候变化导致极端水文气象事件增多增强，台风登陆导致局部地域暴雨，城市防洪排涝标准偏低，严重威胁了城市的发展和人民群众的生命财产安全。有效防治城市内涝现象，协调管理水污染、水资源问题，已经成为城市管理者的首要任务。

各大城市洪涝灾害的现象层出不穷，干扰了城市正常运行，威胁了市民的人身财产安全，严重阻碍了城市发展的脚步。与此同时，我国一些地域还在面临缺水及水资源严重污染的问题。我国水资源总量多，但人口基数大，人均占有量实则很低，大约仅占世界人均占有量的 1/4，在世界排名居后，是全球最缺水的贫水国之一。目前，全国 640 个城市中大约有一半城市缺水，2.32 亿人口年均用水量严重不足。由于我国仍处于快速发展阶段，高污染、高耗能、高耗水的工业产业不能放弃，所以水污染物的排放总量没有下降反而呈现逐年上升态势，且水资源利用率极低、污染治理滞后、浪费严重，工业用水环境形势十分严峻。从我国水资源用途的构成来看，农业用水占比 61%，工业用水占比 24%，城市居民生活用水尽管只占了 13%，但其对保障我国经济健康增长发展、居民生活改善以及城市生态的可持续发展至关重要。根据发达国家的城市治理经验，城镇化率达到 50% 以上是水污染问题爆发的高危期，同时也是修复水生态、水环境的关键期，一旦错过这个时期将会付出远超成本的治理代价。

传统的建筑住宅小区跟随着城市化发展的脚步和人民生活水平的提升逐渐建设的越来越大，设计的越来越高端，在促进我国经济发展、给居民带来良好居住环境的同时，也引发了生态、资源、环境等一系列问题。

第一，由于城市建设的过快发展，大量不透水的硬质地面逐步替代了原有的自然透水地表，短暂降雨时的地表蒸发量和径流下渗量减小，从而拦截了雨水的下渗，破坏了住宅区本身滞蓄雨洪的能力，同时，面积比例降低的草地、湿地等自然滞留能力降低，使得在相同降雨条件下，地表径流总量提高。短时间内居民区不同区域径流量迅速叠加，雨洪峰值出现时间提前，并且传统住宅建筑小区的管道陈旧老化，维护保养因未设置专人管理导致排水的效果普遍较差，因此"逢雨必涝"。

第二，我国一些老旧住宅小区排水系统不健全，排水规划不统一，管网的总体设计标准较低。一方面，沿用传统的雨污合流制的一些住宅小区，过时的设计让污染物附着在排水管道内而导致其阻塞，大大削减了有效过水面积，实际排水能力下降。另一方面，一些改制改造的老旧小区，由于历史设计及更新困难等种种原因，小区内的排水管网存在管径尺寸不匹配和管道不符合要求标准的现象，因此实际排水能力并不能满足实际需求。

第三，住宅小区内水污染问题不容忽视。就我国住宅小区当前的水污染情况而言，一方面，由于人口集中，大量生活污水和工业废水未经处理便通过单一导向的管道传输排放，超出受纳水体的自净能力时，导致水体富营养化，污染水体；另一方面，城市中的非透水路面的地表雨水径流污染也不容忽视。油脂渗漏、汽车尾气及其他污染等长期残留在地面，降雨时由雨水带入河流、湖泊，对水体造成非常严重的污染。

第四，物业管理公司本身的专业能力欠佳，缺少有效管理人员，规范的排水意识淡薄。一方面，由于没有完善的管理维护、巡查清疏制度，加上通常是一人兼多职，且负责排水的并不是专业技术人员，也没有接受过业务培训，比如一些物管人员甚至区别不了雨水管和污水管，也就不能监管把关装修、店铺改造等过程，出现雨污混流的现象就在所难免。另一方面，管理单位没有明确排水设施管理的责任部门、管理内容、管理要求和考核标准，导致很多小区物业管理企业对小区排水设施的管理不够重视，或者没有依据，只满足"井盖不丢、不冒污水"、不发生事故的要求，更谈不上预防性维护。

二、城市生态安全与城市群生态安全

（一）城市生态安全内涵与特点

城市生态系统是一个人为建造的开放型复合生态系统，与周边地区存在着复杂的物质和能量交换。城市生态安全是把城市生态系统健康与可持续发展作为最终目标，通过生态修复与重建，解决人类社会活动中所面临的各种生态环境问题，维持城市为人类提供福祉的能力。

城市是人类生存的重要场所，因此，城市生态安全涉及与人类有关的各种社会经济活动。城市生态安全的目的性很强，从人类生产与发展角度，探讨如何控制城市生活中所面临的各种生态环境问题，进而通过城市生态系统结构优化来增强城市生态系统的健康、提高城市居民的生活质量和生活水平、满足人们不断增长的物质需求和精神需求。

城市生态安全特点包括三个方面：①主观性。人类在城市发展与演变过程中居于主导地位，而城市生态安全又是以维持人类社会可持续发展作为主要目的，不同城市类型、不同社会群体对城市生态安全的理解不同，所面临的生态安全需求存在差异，因此，城市生态安全具有一定的主观性。②可塑性。城市生态安全需要根据人类社会水平和生存需求，制定城市生态安全的目标。城市规划中建筑物抗震标准、防洪标准以及城市公共服务标准等，均是根据人类社会发展可承受的风险而制定。③阶段性。城市发展的不同阶段人类的追求不同，那么人类谈及城市生态安全时也会因人而异、因城而变，特别是随着经济的发展、人口的集聚和城市规模的不断扩大，城市的功能随之发生改变，人们在城市生态安全上也会不断提高标准，提出新的要求。

（二）城市群生态安全内涵

城市群生态安全不仅需要考虑各城市所面临的生态环境问题，而且也需要从城市群一体化发展角度，考虑城市复合生态系统的健康运行与可持续发展。城市群生态安全是指在保障城市复合生态系统正常社会经济活动的同时，实现城市群地区生态系统结构优化与生态系统服务功能提升。内涵上，城市群生态安全与城市生态安全没有本质区别，但二者所关注的空间尺度不同，所面对的问题存在差异。城市群生态安全是从更大空间尺度上，探讨人类社会经济的有序发展，解析资源优化配置与物质、能源、信息的合理高效流动，是对城市生态安全的补充、完善与提升。许多城市尺度上无法解决的问题，可以通过城市群一体化协同发展来解决或得到缓解。城市群生态安全同样包括狭义和广义两个层面。狭义上，城市群生态安全侧重于城市群内部生态系统空间优化和服务能力提升，重点关注城市群地区生态用地的空间优化及城市群地区"三生空间"（生态、生活及生产空间）的合理布局，以满足城市群地区人们日常生活中的物质和精神需求作为基本目标，以不破坏城市群地区生态系统可持续性作为基本原则，通过生态恢复和安全格局构建实现生态系统服务功能最大化、提升城市复合生态系统的韧性和可持续发展能力。广义上，城市群生态安全需要既考虑城市群内部的生态系统结构和功能协调，以及生态系统服务供需平衡，也需要从区域尺度考虑城市群与其他区域之间的协调关系。为此，不仅需要从生态流角度研究城市群的近远程耦合关系，探讨支撑城市群发展环境资源的空间尺度效应，而且也需要考虑城市群内部及城市内部不同功能空间资源利用关系，连接不同功能区的物质循环和再利用过程。

（三）城市群生态安全特点

城市群生态安全具有一般的生态安全属性特征，如综合性、区域性、相对性和动态性特点。除此以外，城市群生态安全也有其自身特点，需要从两个层面上考虑：一是城市群内部生态安全，需要在物质保障方面实现城市群地区的自给自足，满足生活在城市群地区人们的日常需求，实现区域内基本生态系统服务的供需平衡，如公共基础设施保障能力、休闲服务满足能力、自然灾害防御能力、人居环境健康维持能力等，同时也需要实现城市群内部物质代谢平衡，如废弃物吸纳和消解能力等；二是城市群与其他区域之间的近远程耦合关系，需要综合考虑城市群与其他地区之间发展的协调关系，需要从物质、能源保障方面考虑城市群与其他地区之间的供需平衡关系，但城市群是否可以达到生态安全，关键取决于城市群本身的科技发展水平和对外辐射能力，只有通过提升城市群的吸引力和竞争力，才能弥补其因土地空间有限而在物质资源保障方面的不足。城市群生态安全还具有以下特点：①生态环境要素之间的协调与平衡。无论何种生态安全，均需要从立地尺度上建立不同生态环境要素之间的协调与平衡，从水土资源角度构建适宜的景观生态系统，以及适宜本地生态环境特征的人类活动形式。②生态环境要素近远程耦合关系的协调与平衡。对于城市群来说，生态安全的关键在于区域内居民生产生活的需求是否可以达到满足。然而作为以外来物质和能源输入为主的城市群地区，许多生产和生活的基本需求需要从其他地区获取，因此城市群的生态安全严格意义上是一个城市群与其他区域之间在物质、能量、人力和技术方面形成的动态平衡。③城市群内部小循环与区域大循环之间的协同联动。城市群生态安全不仅要求位于城市群地区的所有城市之间在功能上协调，实现城市群内部生态系统服务供需的协调以及物质能量的平衡，同时也需要城市群地区与周边更大区域范围内实现生态功能的协调与平衡。

（四）城市生态安全格局构建

1. 城市生态安全格局构建

（1）城市生态安全格局构建目的

城市生态安全格局的构建以满足人类的生存和发展需求作为主要目的，具有其本身的特殊性，主要包括：①控制城市扩张和发展中出现的生态环境问题，实现城市人居环境质量和生态系统服务功能的提升，保障城市居民的生活与生存需求。②维持城市地区正常的物质循环与代谢功能，实现城市与周边地区物质良性循环和代谢功能的正常发挥。③维持城市生态系统健康运行与可持续发展，实现城市生态系统的结构优化和功能提升。④保障城市人居环境健康，减少城市生态系统有害代谢物质的排放与环境暴露。⑤满足城市居民可预见时期内生态系统服务需求，特别是一定时期内对生态系统服务的需求。

（2）城市生态安全格局构建基本原则

基于城市生态系统特殊性，城市生态安全格局构建需要遵循以下原则：①以人为本原则。人类是城市生态系统的干预者，也是城市建设的参与者与受益者，因此也将是城市生态安全格局构建的直接主导者，在生态安全格局构建时，需要全方位考虑人类社会的需求。②区域适应原则。城市生态安全必须放在流域／区域尺度上考虑，城市生态安全格局构建需要考虑其在流域／区域中的环境背景、空间位置、生态过程与功能。③区域协调原则。城市与周边区域之间通过近、远程的物质、能量、信息和人类的耦合作用而形成一个复杂的生态网络，城市发展离不开周边区域的支持，周边区域的发展也需要城市的辐射带动作用。④有限目标原则。随着城市发展和人类生活水平的提高，城市生态安全的目标会逐渐提高，因此，在构建城市生态安全格局时必须以现阶段所遇到的突出问题和未来一段时期内人类社会发展的需求为依据，否则很难将生态安全格局落到实处。

2. 城市群生态安全格局构建目的

城市群生态安全格局构建的核心是保障城市群地区生态系统健康与安全运行，保障生态系统服务的有效和持续供给，因此，城市群生态安全格局构建的目的包括以下几点。

（1）保障城市群内部区域一体化协调发展

城市群的形成起源于产业的区域分工与协同发展，提高了城市之间的竞争活力和资源环境利用效率。然而随着城市群不断壮大和竞争发展，如何提高城市群的社会调控能力，对于实现区域一体化协同发展至关重要。城市群生态安全格局构建就是探讨城市之间和区域内部交通、产业、物流、能流的合理空间布局和有序发展，寻找适合城市群一体化发展的城市模式、产业模式和物流能流模式，最终做到城市群内部产业分工明确、功能定位准确、责任分配到位、物质流通高效、人口流动顺畅，从而提高城市群对外辐射竞争能力和城市群生态系统的韧性。

（2）保证城市群地区生态系统服务供需平衡

城市群发展不仅将区域产业、交通和物流能力紧密联系在一起，同时也为区域之间生态系统服务和人口流动提供了便利条件，特别是就业和休闲服务。因此，通过城市群生态安全格局构建，来满足生活在城市群内部的人们的日常生活基本需求，如就业、职住通勤、休闲服务、环境健康与生存安全等。在城市群尺度方面，生态安全格局构建需要通过生产、生活和生态用地调整以及生态系统优化，提升生态系统服务功能。

（3）实现城市群与区域之间物流、能流和人流畅通

由于城市群的人为主导和空间资源的有限性，依托城市群本身实现对城市群发展的安全保障与可持续性维持十分困难，必须从更大空间尺度上探讨城市

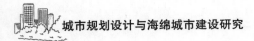

群发展依托的生态腹地。

为此，需要通过城市群本身生态系统结构优化，提升城市群的辐射竞争能力，与周边区域之间构成一个交错发展、有机融合、结构稳定的生态网络体系，明确城市群与周边地区的物流、能流和人流过程与空间特征，探讨城市群发展在物质、能源和人力资源方面对周边区域的依赖性，从近远程耦合角度探讨城市群的生态安全保障机制。

3. 城市群生态安全格局构建原则

城市群生态安全与城市生态安全的主要区别在于覆盖的空间范围更大、形成的生态系统更为复杂。但其与城市生态安全具有很多相似之处，均是以人为主导、依赖于外来物质输入的开放型生态系统。因此，城市群生态安全格局构建不仅需要满足城市生态安全格局构建的基本原则，而且还需要基于城市群地理环境背景与资源特征，遵循以下原则。

（1）生态安全供需平衡的尺度效应

对于生态安全格局构建来说，人们可以改造和调控的空间范围局限于城市群地区，因此需要依据城市群的发展定位、地理环境、生态背景和资源禀赋，梳理城市群本身可支配的土地资源、环境资源及其存在的突出问题，由此明确生态安全格局构建所依托的资源环境和生态系统服务需求。

除了需要保障本地区基本生态系统服务需求外，还需要通过优化城市群生态系统结构、过程和功能，提升城市群对外辐射竞争能力，来获取外部地区的物质、能源和人力支持。因此，在生态安全格局构建时，需要从近远程耦合、近远期目标提出城市群生态安全格局构建的目标和需要解决的现实问题。

（2）生态安全保障的阈值效应

城市群生态安全保障的基本需求，需要通过土地利用结构调整、土地利用空间优化配置和生态重建，来实现对城市群发展基本需求的保障，如生产生活空间扩张、粮食和水资源供给、健康环境维持、生态风险防控、休闲娱乐供给。而对于城市群发展的远期（程）目标需求，如物质保障、资源供给、人力资源服务等方面，需要通过与周边区域之间的合作与协调来实现。多大程度上需要本地区的资源环境来保障，则取决于城市群本身的社会调控能力，据此给出生态安全保障阈值。通常，城市群地区的社会调控能力越强，其对周边地区的辐射竞争力越强，可以从周边地区获取更多的物质资源和人力资源来为城市群发展提供服务，因此其本身生态安全保障阈值可以稍低。而社会调控能力较弱的城市群，既难以向周边地区输出产品、技术或服务，也难以从周边地区吸引物质、能源和人口的流入，其生态安全保障则需要设定较高的阈值。因此，对于不同类型的城市群，面对不同生态安全需求，需要根据城市群的资源禀赋与社会调控能力设定不同的阈值。

（3）生态安全格局的空间联动性

城市群作为一个复杂的生态系统，无论是其生态环境要素之间，还是城市与区域之间均形成了千丝万缕的关系。在生态安全格局构建时，必须从城市群整体出发，充分考虑要素之间、城市之间的互动关系，探讨满足城市群社会经济发展的途径和方式，构建结构稳定、功能齐全的城市与区域生态网络，保障物质、能源、人口在城市群生态网络的合理运移转化，从而实现城市群地区生态系统服务功能的提升和抵御外来灾害风险的韧性。

因此，在生态安全格局构建时，需要首先明确不同城市和地区的功能定位，明确不同城市与地区之间的服务关系，解析不同城市与地区之间的空间联动性，依据城市群地区社会经济发展目标和居民生产生活需求探讨生态安全实现的路径和方式。

三、城市生态环境质量评价指标体系的构建

评价指标应建立在科学的基础上，指标的定义必须明确并且具有科学的计量方法。单项指标能够客观地反映城市生态环境质量的基本特征，以环境保护及改善为立足点，以协调多元经济、社会系统为框架，以数据的可获得性、可度量性和可靠性为准则，以指标体系清晰简洁为指导，既能横向比较不同地区的环境治理水平，又具有纵向的连续性及可比性，适用于不同时间、不同地区间的比较评价。城市生态环境质量指标体系的构建需要涵盖城市的环境特征及影响环境质量的重要因素。结合马世骏和王如松提出的复合生态系统理论，城市是由自然、社会和经济三个子系统组成的生态系统。

（一）自然生态环境质量

自然生态环境系统层主要包括空气环境、水环境、声环境以及生物环境四个方面。现阶段虽然各地环境状况都有所改善，但部分城市环境污染问题仍然突出，如城市水污染严重、水资源短缺，二氧化硫和可吸入颗粒物超标及城市绿地率不足等。自然生态环境是城市生态环境最重要的组成部分，主要通过空气环境中二氧化碳、二氧化氮及可吸入颗粒物的浓度来综合反映大气质量状况。由于某地区水体的纳污能力与水资源的量级密切相关，水量与纳污能力正相关，因此水环境通过水资源总量来反映。声环境主要选取区域环境噪声值及交通干

线噪声值指标。由于绿化可以减少大气中的粉尘量，所以可使用绿化指标衡量该地区对烟尘和工业粉尘等大气污染物的自净能力，选取某地区城市绿地覆盖率及人均绿地面积作为绿化指标。

（二）社会生态环境质量

社会生态环境反映的是人类对生态环境的影响程度，包括运行效率、经济投入、人力配置、资源配置、人口结构等。一个城市发展的规模必须控制在城市和区域的生态环境资源承载力范围内，否则城市交通、住房、安全及社会保障等方面的困境会限制城市进一步的建设。

当前不少城市的基础设施还需完善（道路交通设施不足、住房紧张、污染治理设施不足等），因此，将人口因素、资源配置、污染控制等作为社会生态环境质量评价的要素层指标。人口因素子指标主要包括人口密度、人口增长率；资源配置子指标主要包括每万人拥有公交车辆、人均道路面积、人均生活用水量；污染控制主要包括万元 GDP（国内生产总值）、二氧化硫排放强度、工业固体废弃物利用率、城镇污水集中处理率、生活垃圾无害化处理率等子指标，以反映控制污染物排放、工业固体废物利用情况、城市水污染的治理能力以及垃圾无害化的程度。

（三）经济生态环境质量

经济生态系统是以人类的物质能量代谢活动为主体的城市活动的外部社会经济条件，包括城市居民的收入水平、经济发展水平、行业发展状况以及城市化程度等多种因素。从环境角度看，经济环境关系到产业结构的平衡、资源的循环利用及生态环境的可持续性，因此，将经济收入、产业结构及可持续性作为经济子系统的评价要素。经济收入通过城乡收入比、GDP 增长率、人均 GDP 来反映，产业结构子指标主要包括第二产业占 GDP 比重及第三产业占 GDP 比重，可持续性通过环保投资占 GDP 比重来反映城市环保投入的力度。

四、城市规划中生态环境保护的举措

（一）推进绿色发展

1. 强化国土空间协调管控

一是通过网格化、信息化和精细化管理，形成国土空间生态环境管控体系。二是建立资源环境承载能力监测预警长效机制，合理控制空间开发强度。

2. 推动产业绿色循环发展

一是以供给侧结构性改革为主线，推进产业结构调整，加强传统产业转型升级。二是建立项目引入综合评价机制，严禁超环境承载力的发展建设。三是大力培育绿色环保产业，创新促进科技成果转化。四是强化生态文化旅游产业特色，丰富旅游产业业态。五是着力推进现代化循环农业体系建设，促进农业绿色发展。

3. 推进资源节约集约利用

一是全面落实能耗、水耗总量和强度双控，建立健全农业用水总量控制和定额管理制度，强化水资源管理"三条红线"刚性约束，提高水资源配置效率。二是通过低效用地优化、村宅置换调整、存量用地更新等举措，持续提升节约集约用地水平。

4. 积极应对气候变化

一是建立碳排放总量控制制度，完成碳强度下降控制目标。二是创建近零碳排放示范区，探索产城融合低碳发展新模式。三是建立健全温室气体管理机制，开展温室气体控制工作，建立防治常规污染与应对气候变化的协同机制。

（二）加强生态保护

1. 严格进行生态红线保护

一是完成自然保护地和生态红线勘界立标工作，明确保护范围。二是强化自然保护地和生态红线监督检查，定期开展专项行动，适时将评价考核结果纳入生态文明建设目标评价考核体系。

2. 巩固流域治理修复

一是扩大太湖一级保护区耕地轮作休耕规模。二是推进污水处理厂尾水湿地再净化工程，推进农业生产、水产养殖尾水治理。三是加强太湖水域蓝藻精准打捞，探索聚泥成岛试点示范工程，实现藻泥无害化处置和综合利用。四是加强太湖湖滨带生态修复建设，建设太湖沿岸环湖生态保护带，打造太湖生态保护圈。

3. 强化生物多样性保护

一是加强珍稀濒危和重要生物种质资源及重要生态系统的全面保护，制定保护方案，确保区域生物多样性指数遥遥领先。二是开展外来物种监控、预警和防控管理，提升外来入侵物种防范能力。三是建立生物多样性科普区，树立生物多样性保护典范。

（三）加强环境治理

1. 稳步提升水环境质量

一是推进国、省考核断面达标精细化管理，完善考核评价体系，推动履职尽责。二是深入开展河道综合整治，改善城市内河水质，强化重点河道生态清淤及湿地生态治理修复。三是加强水源地保护，确保饮用水安全。四是完善地下水监测评估体系，严禁地下水开采。

2. 持续改善大气环境质量

一是强化工业VOCs（挥发性有机物）治理。二是加强VOCs无组织排放管理。三是加强餐饮油烟污染防治。四是严格施工扬尘监管，推进堆场、码头扬尘污染控制。五是加强移动源污染防治，加大船舶污染防治力度，减少重型车辆排放。六是加强秸秆综合利用和氨排放控制。七是强化区域联防联控，全力应对重污染天气。

3. 明显改善土壤环境质量

一是做好农用地土壤污染防治，加快农田土壤修复。二是有序开展建设用地环境风险管控，落实污染地块环境管理联动机制，督促重点企业加强土壤污染隐患排查治理，建立二次开发利用的环境风险防控机制。三是推进重金属自动监测站点建设，加强有毒有害物质风险防控。

4. 推进固体废物安全处置

一是完善危险废物环境管理体系，提升安全利用处置能力和水平，强化日常环境监管。二是提升一般工业固体废物综合利用水平，鼓励建设废物分拣设施，建全流程管理体系。三是提高建筑垃圾处置与资源化利用水平，拓展利用新途径。四是完善生活垃圾、餐厨垃圾收运处置措施。五是加强污泥、藻泥规范化处置，提升无害化处置能力。六是建立农膜及农药包装物回收处理体系，做好农药包装废弃物无害化处理。

（四）完善制度建设

1. 完善绿色评估考核机制

一是强化"党政同责，一岗双责"，严格落实企业主体责任。二是健全生态环境保护优先的绿色差异化绩效考核评价机制，完善领导干部自然资源资产离任审计制度，扩大审计对象范围，落实生态环境损害责任终身追究制。

2. 完善绿色发展经济政策

一是培育环境治理和生态保护市场主体，设立生态环境发展基金。二是落实排污权交易制度，逐步强化以企业为单元进行总量控制、通过排污权交易获得减排收益的机制。三是建立绿色金融体系，探索实行激励性政策。四是推动建立太湖流域生态补偿机制，落实生态保护补偿、水环境资源双向补偿、生态红线保护及转移支付等制度。

3. 完善生态环境监管体系

一是加大中央、省级环境保护督察反馈问题、整改工作的考核权重。二是加强环境信用体系创新。三是开展生态环境损害赔偿制度试点和案例实践，强化生产者环境保护法律责任。四是完善排污许可证"一证式"管理制度。五是建立第三方生态环境评估制度，对各类涉及资源环境公共利益的政策、规划、工程等进行科学评估。

4. 强化人才队伍能力建设

一是深化环境监管网格化体制建设，推进网格员专职化试点，完善网格化管理组织。二是推进年轻干部队伍建设，突出人才培养，全面提升环境监测软实力。三是优化和完善年度综合考核及提升制度，明确年度工作目标，层层签订责任状，并将其纳入生态文明建设考核范畴，激励各级干部担当作为。

第三节　城市规划中的生态城市建设

一、生态城市建设的基本要求

生态城市理念揭示了一种新的世界观。生态城市理念的提出是对城市发展过程中逐步暴露出来的生态危机、社会问题等城市弊病的深刻反省，其作为人类理想的一种环境宜人、经济高效和社会和谐的物质载体、空间载体和社会载体，更明确、更全面地体现城市的本质。

（一）生态城市建设的原则

综观国内外城市生态化及可持续发展历程，结合我国城市发展现状，生态城市建设应遵循协同发展、以人为本、循序渐进等原则。

1. 遵循协同发展原则

生态城市建设的实质是要追求理性的发展。生态城市建设的协同性原则要求城市经济、政治、文化、社会、生态文明五个方面相互协调，实现经济生态、社会生态和自然生态的整体协调，其最终目标和价值取向是在不违反自然规律、不超越自然承载力的前提下，满足人的基本需求和提高人的生活质量，即实现人的全面发展。协同发展原则要求人们在制定城市发展措施和规划时，不能只考虑城市的自然环境美化。单项的经济、社会或生态效益，单一因素的和谐有序不能保证生态城市的健康发展，要妥善处理好人与自然、城市与乡村、人工环境与自然环境的关系，综合考虑各个因素的协同发展，任何一个因素没有协调好，都会影响城市生态系统的正常运行。我们在建设生态城市的过程中，要按照生态化的要求，坚持以环境建设为重点，以城乡总体规划为引领，优化城乡发展布局，深化生态城市建设内涵，统筹山水林田湖草整体保护，构建基础设施、环境系统、服务载体等整体衔接的规划格局，建成城区与郊区互动，辐射乡村的统一的区域生态体系。

2. 遵循以人为本原则

过去城市的发展过多关注经济的快速增长，忽视和损害了广大人民群众的根本利益，是"见物不见人"的片面的发展理念，归根到底会阻碍人的发展。以人为本的理念，主张人是发展的根本动力，明确人是发展的根本目的，一切为了人，一切依靠人。城市是人类高度聚居的场所，城市发展必须营造良好的人居环境，满足前人、今人和后人对工作、生活、学习、休闲等方面的物质需求和精神需求，既要尊重前人的经验成果，又要关怀今人的生产生活，还要考量后人的生存需要，即代表最广大人民的根本利益。

随着经济社会的不断发展，人们的物质需求和精神需求也越来越高，这就对城市建设提出了更高的要求，生态城市建设需要满足不同代际、不同类别、不同层次人们的多方位需求。科学发展观的核心是以人为本，是为了一切人的发展和人的全面发展。人类发展的基础表现在人对物质和精神需求的满足，人的全面发展离不开社会的发展进步，城市功能的丰富和完善将对人的全面发展起到非常重要的促进作用，而只有所有人都具备全面发展的条件时，以人为本的原则才能最终得到体现和完成。

3. 遵循循序渐进原则

生态城市建设是为了达到人与自然的和谐相处，实现可持续发展。要达到这一目标不是一蹴而就的，必须经过一个长期、艰巨、复杂的系统推进过程，并且要考虑到在推进过程中面临的困难、阻力、曲折和风险。生态城市是一个复合生态系统，既有自然地理属性也有社会文化属性，城市的自然及物理组成成分是城市赖以生存的基础，城市的经济活动是城市赖以生存和发展的物质基础，城市居民有目的有意识的社会行为和理想信念是城市进化的力量源泉。城市的开放性决定了城市系统各要素与周围环境之间相互作用、相互影响，城市本身既受外部环境的影响，又影响着外部环境。城市作为一个开放系统，其内部各要素之间、城市与外部环境之间不断交换物质、能量、信息，从而实现系统的整体优化。因此，生态城市建设需要科学规划、分步实施、循序渐进，避免急功近利、盲目冒进、贪快求成，兼顾眼前利益和长远利益，实现城市合理发展、稳步发展。

4. 坚持可持续发展原则

2018年全国生态环境保护大会在北京召开，会议上习近平强调"深入实施水污染防治行动计划，打好水源地保护、城市黑臭水体治理、渤海综合治理、长江保护修复攻坚战，保障饮用水安全，基本消灭城市黑臭水体，还给老百姓清水绿岸、鱼翔浅底的景象"。这是习近平立足我国城市建设面临的生态问题所提出的可持续性发展要求。积极治理城市生态污染，避免当代人的实践活动给后人的生态环境带来威胁，要求提升生态资源的利用效率，避免资源浪费和生态破坏等问题，实现生态效益最大化和生态环境消耗最小化。对待生态环境资源，不能够因为眼前的短期利益掠夺生态环境的发展权利，盲目换取城市的发展机遇。因此，实现科学布局生态城市建设，实现城市发展的可持续性、健康性、均衡性。

5. 坚持循环经济原则

习近平在十九大报告上明确指出，我国社会主要矛盾已经发生变化，应该清醒认识到我国社会仍然处于社会主义初级阶段。客观上我国人口众多，对生态资源的消耗量大，生态环境承载的压力与日俱增，要处理好"社会－经济－自然"之间的矛盾就应当发展循环经济。在生态自然资源枯竭，生态秩序不稳定，传统高消耗、高污染、高排放的经济发展模式不可持续的大生态背景之下，循环经济发展模式是生态道路的必然选择。循环经济发展模式的理念核心即以最少量的生态自然资源为代价，获取最大化的经济效益。实现物质资料不断被利用循环，促使经济发展与生态发展形成一个循环关系，取得经济效益与生态效益的双赢。

因此，我国生态城市建设致力实现循环经济发展模式。理论上坚持以习近平生态文明思想为指导。实践上坚持党和政府为主导，促进生态能源、再生资源、高科技创新等产业协同发展，最终实现生态城市的可持续性发展。

6. 坚持发扬中国传统文化

新时代背景下我国生态城市建设不能一味否认前人在城市建设中所取得的历史成就，不可以与中国传统城市文化理念相割离，不能采用机械式的发展观念，盲目追求"国际化""时尚化""摩登化"。在生态城市建设中应该保护好文物古迹、地域特色建筑等具有中国特色的文化遗产。新时代的建设离不开中国传统文化的支撑，要使得城市发展和地域文化相互融合，因地制宜地打造具有地方文化特色的生态城市。

（二）生态城市建设的总体目标

生态城市建设要力求找到一条实现人与人、人与自然、人与社会和谐共处的路径，要满足人类生存发展的物质基础和精神需求，要实现治理水平不断提升、主导产业转型升级和生活服务更加便捷，最终要建设和谐城市、宜居城市和智慧城市。

1. 建设和谐城市

长期以来，人类是以各自孤立的个体形式存在的，随着生产、分工、交往的发展，特别是随着资本主义市场经济的发展，人类个体被各种共同体所取代，人类共同的发展、共同的环境使人们之间的联系更为紧密。早期人类往往因为生产生活追逐局部利益、短期利益，不同利益集团及个人之间为争夺有限的资源产生的冲突不断加剧，部分区域或群体的发展往往建立在损害其他区域或群体发展的利益基础上，破坏了人类整体生存和发展的能力。近年来，随着生态危机、资源枯竭，生态城市建设提上了议事日程，人们开始寻求一条实现不同共同体之间、代与代之间和谐共处的路径，即每个人都全面自由发展的路径。可持续发展的生态城市，最终将达到人与人的和谐。因此，要建设人与人和谐的城市。

个人与社会是辩证统一的关系。一方面，社会是人的社会，个人是社会产生与存在的现实前提和基础。另一方面，人是社会的人，即社会是人的存在形式。现实中的人一定是处在某种生产关系中的人，每个人都有独一无二的个性，而社会就是由这些完全不同的个体所构成的整体。社会的和谐性决定了生活在其中的个体差异性的求同存异，允许不同类型的个体存在，并完全尊重其在思想上、行为上以及生活方式上所表现出来的差异性，只有这样，人与人之间的关系才能和谐、和睦、友好，社会才能不断地进步。社会是由个体组成的整体，个人脱离了社会将无法生存，社会离开了个人，就不能称为社会。首先，人类生存离不开社会提供的物质资料。人类为了保证生命延续就要不断从社会获取衣食住行等所需的物质生活资料，以及精神生活资料，因此，如果脱离了社会，个人的生存将面临威胁，个人价值更无从谈起。其次，个人的发展依赖于社会规范。法律法规、道德习俗等社会规范的建立，使人能生活在一个有序的社会中，为人的生活提供了安全和保障。最后，个人的发展依赖于社会进步。社会为个人的生存与发展提供了施展才华的舞台，人类在社会这个大舞台上，不断成长进步、展示才华、拓展自我，实现个人的人生价值。因此，要建设人与社会和谐的城市。

2. 建设宜居城市

一方面，宜居城市要满足人类生存发展的物质基础。首先，宜居城市是生活便利的城市。人们日常生活是否方便是衡量一个城市是否宜居的首要因素，宜居城市应为居民提供完善的基础设施、舒适的居住场所、安全的城市环境和安逸的生活方式。其次，宜居城市是环境宜人的城市。优美的自然环境是城市生态环境体系的重要组成部分，宜人的环境首先是宜人的生态空间，统筹山、水、林、城的修复和改善，合理布局城市生态区、绿地和公园，改善居民生活环境。最后，宜居城市是服务周到的城市。完善的公共服务水平是打造便捷的城市公共服务体系的基本条件，宜居城市应具备完善的公共服务设施，提高服务水平和质量，打造居民服务日常服务圈，让居民共享城市发展成果。

另一方面，宜居城市要满足人类生存发展的精神需求。一是满足人们对城市多样性的需求。在功能定位、产业结构、街区风貌、建筑风格、创新创业等方面展现城市的个性化、差异化和涵养、融合、包容的社会观念和文化理念，构建丰富多彩的社会文化环境。二是满足人们对城市公平性的需求。重点解决不同群体在居住、出行、教育、医疗、就业等方面的问题，为不同阶层不同身份的居民提供公平公正的发展机会。三是满足人们对文化认同的需求。尊重城市的历史传承，发扬城市的传统文化，传承和提升有地域特色的生活方式，强化城市的创新理念、包容精神和本土特性，提升城市内涵品质和居民的文化品位，为增强城市的凝聚力、创造力、创新力提供强大的精神动力。

3. 建设智慧城市

现代信息技术、大数据技术的应用及发展带来了城市治理方式的深刻变革，共享理念下大数据信息对城市治理具有极大的促进作用，以各类信息资源数据库为基础的智慧城市管理平台,能够有效提高关系国计民生的科技、教育、文化、卫生等方面的服务能力和水平,从而提高政府、社会组织的管理服务能力和为民办事的效率。一是大幅提升应急事件的处置能力,对突发事件、紧急事件能够第一时间了解掌握并迅速作出安排部署。二是大幅提升群众诉求的解决能力,智慧平台的建立丰富了群众反映诉求的渠道,越来越多的民生诉求得以在短时间内得到有效处置,提高了群众满意率。三是大幅拓宽社会参与的广度和深度,"互联网+"公共服务平台推进了居民关心、了解并参与城市管理的共治共享进程,提高了居民的主人翁意识,增强了居民的获得感和幸福感。由此可见,智慧城市实现治理水平不断提升。

智慧城市作为城市化进程的趋势和方向,为传统产业转型升级、构建现代产业体系带来了千载难逢的契机,为集聚高端技术人才、推进企业协同创新提供了更为便捷有效的平台和通道。一是实现智能科技与传统产业的深度融合,推动物联网、云计算等一大批新兴产业落地生根,影响日益广泛的电子商务、020营销模式(离线商务模式)、智慧医疗等,在培育壮大新兴产业的同时,也改造提升了传统产业。二是以战略性新兴产业推动先进制造业转型升级,通过发展以智慧应用技术研发、智慧装备制造、应用电子等技术含量高、产业关联度大的智慧产业(第四产业),建设智慧产业基地,实施传统产业智能化提升工程,推动信息技术更好地融入产品研发设计、生产过程控制等环节,生产更多数字化、智能化的装备和产品。由此可见,智慧城市实现主导产业转型升级。

智慧城市建设更能够体现以人为本的本质,随着物联网、大数据、云计算等新一代信息技术应用的推广和普及,越来越多的智能化系统走进人们的生活,开启了人们全新的、智能的、便捷的生活新方式。以与人们生活最为密切相关的智能家居系统为例,其以住宅为平台,借助于各种通信技术的融合,实现智能灯光控制、智能影音、智能安防、基于物联网的讯息服务、基于物联网的远程监控等互联互通互动,营造舒适、高效、环保、安全、便利的居住环境;以"智慧社区""智慧政务"等新型城市生活服务平台模式为例,其集教育、医疗、公安、公共交通、生活缴费、政务服务等分散的城市生活服务功能为一体,使居民可以通过越来越简便的方式,甚至足不出户就能享受到越来越丰富的政务、民生服务。由此可见,智慧城市实现生活服务更加便捷。

二、生态城市建设的重点内容

生态城市建设的内涵丰富，包括优化空间规划格局、推进资源循环利用、改善生态环境质量、健全生态制度体系、培育生态文明社会风尚等多个方面。其中，改善生态环境质量是生态城市建设的基础，可以从绿色生态城区建设、生态修复、城市修补等三个角度重点展开。

（一）绿色生态城区建设

绿色生态城区建设要求按照绿色、生态、低碳理念完成总体规划，并基于城市生态环境基础完成建筑、交通等专项规划，并建立相应的生态指标体系。同时，城市需展现绿色社会责任，保护和更新古建筑和历史文化街区，对其进行改造和再利用，使其焕发新的活力，城区的色彩风貌、建筑体量、照明规划应体现地域文化特征。美国波特兰市政府的绿色生态城市建设规划，受到业界广泛认可，自1970年代初期起，波特兰基于城市生态基础推行了提高城市宜居性的措施。在2000年《2040的本质》中，波特兰提出该地区50年的成长管理战略，包括增长概念地图、区域交通规划和自然资源保护策略等；2011年的《区域框架规划》为住房密度、城市设计、开放空间、水源和储存等提供了总体指导，之后波特兰制定了绿色建筑、河道区域保护等专项政策进行补充。这些规划详细且具有针对性，目的是为居民创造更好的生态环境。

（二）生态修复

生态修复是指采取人工措施，采用合适的修复手段，加快生态恢复的时间，使其早日恢复其健康运转能力。我国住房和城乡建设部在2017年3月6日发布的《关于加强生态修复城市修补工作的指导意见》（建规〔2017〕59号）指出，生态修复的主要对象是城市山体、近岸海域水体、废弃地和城市绿地景观。文昌湖的湖区环境由于"散乱污"化工企业的发展和违章搭建的饭店，遭受了严重的破坏。2018年淄博市发布了《文昌湖旅游度假区乡村建设规划（2016—2030）》，此次规划将文昌湖作为城市核心发展地区，对湖体中部地区和外围山体、水体、生态走廊重点实施生态修复与风貌提升工程。其中，水体部分的修复工作采取了以下措施：对原有自然汇水沟进行沟通和梳理、种植水生植物拦截和吸收水体污染物，设置生态草沟收集和净化雨水等。对湖体岸线修复时，保留原生草滩、破除硬质驳岸、理顺地形形成缓坡入水，使湖岸空间形成丰富多样的岸线生境，营造良好的生物栖息环境。

（三）城市修补

城市修补是指完善城市功能，提高城市宜居性，使其可持续发展。城市修补需要以城市的自我定位和发展方向为基础，对城市的空间结构、城市建设规划和生态环境基础进行梳理和研究。修补的内容包括城市规划不完善之处的修补，如提升城市基础设施、扩大城市公共空间和推进老旧小区的改造等，也包括城市软环境的提升，如保护和修缮历史建筑、建立城市景观和塑造城市特色等。基础设施建设需要大力完善城市供水管网、污水处理系统、供电系统和燃气管网等设施，提高其承载能力，提升居民生活体验。

公共空间是惠民的重要一环，需要充分考虑居民的想法，根据居民的需求合理布局自行车道、健康步道和城市广场等公共空间，满足居民出行和锻炼的需求。老旧小区改造需要运用新的技术进行综合治理和功能提升。节能改造、维修加固、立面效果改造等有利于提升居民的安全性和居住体验，小区海绵化改造有利于改善城市内涝、水环境质量差等生态问题。塑造城市特色需要在保护原有建筑风貌的基础上，通过合理的规划和设计，将历史建筑和现代城市有机地融合在一起，同时，要加强城市设计、建立景观框架，满足现代城市的生活需要。

三、生态城市建设的实践探索

我国在进行生态城市理论研究的同时，对生态城市建设的实践也在不断发展，并且已经取得许多重要的实践成就。

（一）生态城市建设的实践历程

20 世纪 80 年代我国生态环境问题日益显现，国内城市生态环境治理行动纷纷开始，以此推动我国生态城市建设实践的正式开展。1986 年，江西省宜春市首次将建设生态城市作为城市发展方向，1988 年正式成为我国首个生态城市建设试点区。此后，国家各部门先后出台了与生态城市建设相关的政策规划，激发全国范围内生态城市建设的积极性。上海市率先提出了建设"国际性生态城市"建设目标。北京市提出打造"绿色城市"建设体系，强调用法律法规制度体系规范生态城市发展。1997 年，大连、厦门等 6 座城市在国家环境保护局的引导下开展国家环保模范城市建设。1999 年，海南省开始在全省范围内推进生态省的建设。

21 世纪，我国开展的"园林城市""环境保护模范城市""清洁生产城市"

等专项城市建设，与生态城市建设的内容是紧密相连、内在统一的，并且这些专项城市的建设也取得巨大成就。据不完全统计，目前我国已有100多个不同类型的城市提出了各类专项城市建设的目标。

在2009—2012年，全国开始建设国家级生态环境示范区共计528个，其中全国27个省市区各类"生态城"建设项目达到101项。2012年开始，我国住房和城乡建设部在全国范围内选定16个城区作为生态城市发展试点区，将从城市各自的原有地理、文化、社会等要素出发，构建具有其自身特色的绿色、低碳、生态城市。到了2014年10月，全国已经有240个城市提出了建设生态城市的发展目标。截至2019年底，全国通过国家部门检验和许可的生态城市项目已达154个。

通过分析我们国家生态城市建设的实践历程，可以概括出我国生态建设实践的三个大趋势。①从最初的单方面追求城市绿化覆盖率、改善城市外部生态面貌，到开始注重人民群众生产生活栖息地的合理布局，城市生态规划和布局逐步走向科学化和可持续化，最后强调提高城市生态功能的完整性。②从最初关注改善城市人民群众的生活方式和消费方式，逐步扩大到关注改善城市经济结构，倡导人民群众践行绿色消费方式，促使城市向发展绿色循环经济转型。③生态城市建设从初期的定性发展方式，逐步转向实行定量的、体系化的指标生态系统，为生态城市建设管理奠定科学基础。

（二）生态城市建设的实践成就

1. 政府政策条例保障生态城市建设

推进生态法律体系建设和政策发展，保障我国生态城市建设事业稳定发展。目前，我国国务院、住房和城乡建设部、环境保护总局等单位部门，每年都会提出一系列生态城市建设相关政策、法规，及时促进和保障全国生态城市建设发展，如2014年国务院发布的《国家新型城镇化规划（2014—2020年）》等。

此外，我国许多地方也对生态城市建设发展提出了相关的法律规定和发展策略。天津市政府部门订立的《天津市空间发展战略规划》，用行政力量对城市生态空间和保护区域进行划定，协调天津市内部城市区块的生态构建。上海市政府部门从城市总布局入手出台了《上海市城市建设规划条例》。我国国家单位部门和地方政府正积极完成政府主体职责，按照我国生态城市建设需要和规律，实现灵活性、实效性地制定生态城市建设相应政策、措施，有序推进建设稳步进行。

2. 开展各具特色的生态城市建设

生态城市建设要求必须按照当地城市面貌和特色，因地制宜地进行生态城市规划和建造。重庆市位于西南山区，根据其城市地理特征和发展需要，要求生态城市建设重点打造城市特色生态小街区，提出了以小型街区为点、公共交通交通为线的方式开展生态城市建设工作；天津市生态城市建设要求充分利用好海洋资源，大力发展低碳经济和海洋经济，建立起以绿色的海洋经济产业为核心的循环经济系统；扬州市根据城市优势，要求着重城市生态教育发展，将生态文明思想和绿色城市建设的内容纳入学生学习考核中，鼓励扬州全市中小学生参与到生态城市建设实践活动中。

3. 构建生态城市建设标准体系

生态城市建设需要一套完整的、科学的建设评价体系和标准规范。通过完善生态城市建设标准体系，为日后全国生态城市的大规模建设和建设工作的推进起到基础性作用。

目前，我国在构建生态城市建设标准体系上已经取得一定成就。国家政府部门层面上，国家发改委、住房和城乡建设部、生态环境部等多个部门携手制定了多部针对生态城市建设的专项标准和建设规范。地方政府部门层面上，2010 年，深圳市政府部门针对城市居民小区范围的生态建设划定详细的建设标准，保障人民群众的生态利益和城市生态化发展。在此之后，深圳市还从微观层面上详细规范了深圳市城市建设的各项指标和建设措施，有效促进深圳市的生态城市建设顺利进行。

4. 开展国际交流合作

我国的生态城市建设相较于欧美国家起步较晚，所以更要坚持解放思想，大胆借鉴国外生态城市建设的成功经验。目前，我国部分生态城市建设项目都开始积极同国外已建成的生态城市之间进行合作交流，主要合作交流方式是通过派遣科学技术人员参加国际生态城市建设会议和学习生态城市建设理论等，以此来促进我国生态城市建设的快速起步和长远发展。2007 年，天津市政府和新加坡政府之间达成生态城市建设合作协议，将新加坡生态城市建设的城市规划、生态环境治理、绿色节约发展经济等成功建设经验运用到天津市生态城市建设中；重庆市政府和德国的埃尔兰根政府达成城市建设发展协议，将德国先进的能源开发技术引进到重庆市基础设施建设工程中，协同推进重庆城市公共交通生态化和新能源利用发展。

5. 利用清洁能源改善城市生态环境

能源作为城市建设的重要支撑，是生态城市建设的核心动力。石油、矿石、天然气等传统的能源物质使用后所产生的污染物质对城市和生态环境带来巨大影响。目前，在我国的生态城市建设中，部分城市已经开始要求大力推广和利用清洁能源，将清洁能源作为生态城市发展的重要动力。新疆吐鲁番生态新城在建设过程中充分利用太阳能，将其作为城市居民生活、市政设施、公共交通等场景的主要能源，并强调发展光伏产业和智能化能源管理。此举将大大减少城市生态环境的污染和生态资源的浪费。湖北宜昌市在建设生态城市中强调，要充分利用地域优势，完善城市水力发电工程网络，改变碳能源大量消耗的现状，将低碳环保的水力电能作为生态城市建设的主要能源，用绿色能源解决好城市大气污染问题，减少城市碳的排放量。

四、当前生态城市建设的基本问题

2019 年 8 月，习近平在甘肃省兰州市考察时强调，"城市是人民的，城市建设要坚持以人民为中心的发展理念，让群众过得更幸福。"当前我国数百个城市正在积极建设生态城市，每个城市都从自身需求出发，通过各方面的努力向生态城市方向前进。但是，这些城市在实践过程中往往面临着许多的问题。

（一）生态环境问题面临严峻挑战

1. 城市水污染问题

数据显示，我国人均水资源量仅为世界人均水资源量的四分之一，属于水资源短缺的国家。我国人均拥有的水资源占比不到世界平均水平的三分之一，全国有四百多座城市缺水。随着城市化进程的加快，人们对水资源的需求日益增长。城市水污染主要由工业废水和城市生活污水构成。经济的高速运转致使工业废水排放量逐年增加，工业废水多数产生在工业生产环节，相较于城市生活污水其处理难度更大，对生态环境的影响更为长远。2012 年，我国东部经济发达地区的工业废水排放量占到全国废水排放总量的 48.9%，西部欠发达地区工业废水排放占比相对比较低，可见工业废水排放量状况与城市区域经济的发展状况成正相关。工业废水含有许多重金属和有毒化学物质，被土壤吸收后导致土地出现荒漠化和贫瘠化，有害物质进入河流后造成水污染，给动植物和人类的生存带来威胁。工业废水是水资源遭受破坏、自然生态系统不稳定的重要因素。2013 年，针对工业废水排放问题，国家开始加大整治力度，国务院颁布

《全国资源型城市可持续发展规划（2013—2020年）》等一系列政策规划，要求在全国范围内实现工业废水安全排放。

"十二五"规划末，全国废水排放总量占比中，城镇生活污水排放量占比72.7%，并保持每年5%的增长速度，这要求城市污水处理系统的能力要跟上城市用水规模的扩张。数据显示，2015年全国污水处理率平均为77.5%，相对于国务院对2015年制定的处理目标低了7.5%。部分城市的污水排网基础设施和配套设施建设缓慢，出现了城市生活污水和工业废水直接排入地表的现象。我国的无锡太湖在2007年出现大规模的蓝藻爆发，太湖湖泊的生态体系受到污染，出现富营养化，导致湖泊生态体系恶化，引发地区性水资源的生态危机，给地区经济和人们生活带来严重影响。研究发现，引发蓝藻爆发的重要因素就是工业废水和城市生活用水无序排放，导致湖泊水体的生态失衡。总体而言，水污染导致我国水资源短缺已变为常态，给全国生态城市的建设造成恶劣影响，水污染治理问题亟待解决。

2. 土地资源利用的问题

土地是生态城市建设的基础载体，对生态城市的构建具有重要价值。生态城市建设要求土地利用与生态发展之间相互协调，然而我国城市人口和城区占地面积不断扩张，部分地区粗放式的土地利用模式导致生态资源的利用率下降。在对我国31个省会城市的土地利用与生态发展协同性问题的分析后发现，全国仅19%的城市土地利用与生态发展处于高度协同的状态，绝大部分城市的土地利用和生态发展处于中低度协同的状态。协同率低的重要原因就在于城市土地资源的利用规划没有做到精细设计，土地规划出现滞后性，严重缺少城市生态长远利益的考量。推进土地资源科学管理和深度治理工作，防止土地资源过度开发是当前生态城市建设的重要举措。

另外，城市面积的粗放式扩张会破坏生态平衡，城市建设用地的扩张对传统农业耕地也造成严重威胁。我国是农业大国，但随着城市进程加快，城市建设用地需求量增加，众多地区开始拆迁农村建设新城，致使农业耕地面积逐步缩小。

3. 城市大气污染问题

随着城市的建设和经济产业的发展，我国生态环境问题面临严峻挑战，其中大气污染问题极为突出。《2018年中国生态环境状况公报》表明，2018年全国338个城市中，有121个城市环境空气质量达标，仅占整体城市数量的35.8%，还有217个城市空气质量不达标，占整体城市数量的64.2%，全国

338 个城市发生重度污染 1899 天次，虽相较于 2017 年有所下降，但是严重污染还是高达 822 天次。以 PM2.5 为首要污染物的天数占重度及以上污染天数的 60%，PM2.5 仍然是我国空气污染中的首要污染物质。PM2.5 是可进入人体肺部的颗粒物质，对人体危害巨大，其主要来源于城市工业废气排放和汽车尾气。

全国产业转型期间仍有大量高污染、高排放产业存在，工业废气的排放主要集中在传统重工业城市，工业废气中所带有的危险化学物质成为城市大气污染的主要来源。城市化的发展致使汽车数量不断增加，汽车尾气的排放对大气环境造成巨大压力。我国的汽车尾气排放主要集中在人口密集的经济发达城市。我国关于 PM2.5 的数据，在 2013 年以前的生态环境状况报告中并未纳入生态环境考核指标中，是在 2013 年才开始统计和公布各个城市大气的 PM2.5 数据。相较于欧美发达国家的大气管控，我国还较为滞后。我国在 2014 年将大气污染联合防止机制纳入《中华人民共和国环境保护法》，并制定了一系列与大气污染治理和发展相关的法律法规。但是在部分法律条款中出现对大气污染含义界定模糊的问题，导致权利与责任定位不清晰、无法落实执行等法律问题，政府执行部门的工作机制还不够完善，法律惩戒缺乏威慑性。虽然我们在改善大气生态治理工作中已取得一定成效，但仍然需要做出更多的努力。

（二）经济发展与生态发展不平衡

生态城市建设的关键是建立生态化的产业体系，加快进行经济产业结构调整，减少高污染、高消耗的传统产业，发展高效率的循环经济。改革开放以来我国经济快速发展，国内经济生产总值在 2010 年上升为全球第二位，2017 年我国的 GDP 增长比率是日本的 2.4 倍。但从另一个侧面显示，我国人口基数大导致人均 GDP 较低，国内群众的贫富差距较大。生态城市建设实践中，我国整个社会对发展生产力有着迫切的需要，经济发展和生态发展之间的关系已经日渐恶化。改革开放初期，我国引进了许多产业附加值不高的制造工业，给生态环境带来巨大压力。单纯依赖利用和消耗自然资源、发展粗放式经济的发展方式，最直接的结果就是对生态环境造成不可估量的伤害。例如，2019 年 7 月中央第二生态环境保护督察组，对福建省福清市江阴港城经济区开展了生态督察，发现该经济开发区内的部分企业仍旧存在工业污水偷排的问题，大量工业污水长期直排入兴化湾，并且地方相关部门玩忽职守，疏于管理，导致兴化湾周边海域水质严重恶化，严重影响地区生态发展。这样以牺牲生态效益盲目换取经济效益的事件正在频繁发生。

党和政府早已意识到我国生态问题的严重性，在 1987 年，党的十三大报告中就明确提出要转变我国粗放型为主的经济增长方式，转变一味地牺牲生态环境换取经济发展的思想。2017 年的十九大报告中指出，我国经济增长正向高质量、高效益的方向转变，要举全国之力推进经济产业稳步转型。但至今为止，我国部分区域仍然存在大规模的传统粗放型经济产业，经济产业结构调整工作严重滞后，政府盲目追求经济效益忽视生态效益的发展思维未能真正改变。

（三）财政支持不足，缺乏绿色创新

生态城市建设需要大量资金作为建设支撑。目前，我国有数百个城市进行生态城市建设，国家政府面临的财政压力巨大，地方财政的需求又无法根本解决，导致生态城市建设的工作开展面临巨大挑战。

我国经济欠发达地区迫于财政压力不得不缩小原规划的生态城市建设范围和效能，或是舍弃"生态文明建设""发展绿色金融"等具有长期社会效益的生态建设项目，采取建设"城市垃圾处理中心""治理城市河道环境卫生"等较为显性的生态建设项目。财政支持不足，生态建设工作的社会创新性无法激发，建设岗位人员的工作积极性不能被充分调动，生态城市建设无法实现良性发展。生态城市建设长期资金投资工作不落实，建设事业只停留在外部表象，最终结果是治标不治本，无法实现生态城市建设可持续性发展目标。

另外，生态城市建设财政支持不足也体现在政府对社会各组织和企业工作中。生态城市建设是全国自上而下的一盘棋，政府部门如何带动企业、组织投身生态建设是重要议题。我国在 2020 年才开始设立国家绿色发展基金，支持和帮助企业实现绿色发展目标。在此之前，社会中小型企业响应国家号召实现经济转型升级，减少高能源消耗的经济发展模式，更多的是依靠自身筹集资金去实现，无多元化的生态转型资金来源，导致新兴的绿色产业发展缓慢。

（四）人民群众生态文明思想落后

党的十八大把生态文明建设纳入中国特色社会主义事业五位一体总体布局中，一定程度上使社会人民群众意识到了保护环境的重大历史意义，但尚未形成完整的思想体系。人民群众的生态知识匮乏，人与人之间的生态文明意识存在较大差异，对建设生态城市的认知，受到地区发展阶段、经济发展水平和地区教育程度等多方要素的影响。

人民群众的生态文明思想落后，其生态保护实践活动也必将落后。我国在2007 年年底颁布了《国务院办公厅关于限制生产销售使用塑料购物袋的通知》（国办发〔2007〕72 号），目的在于减少全国塑料制品的消费，控制白色垃圾的生产和销售，促进社会生态和谐发展。但是在长达数十年的实践中，关于"限

塑令"实施成效的评价不统一，诸多环境报告和学者的研究认为"限塑令"收效甚微。"限塑令"落实受阻的重要原因，既有政府部门执行政策过程中的不足，未能充分发挥好其市场引导责任，也有社会人民群众的接受度低和参与度低等问题。"限塑令"实施后，人民群众绿色消费习惯未能及时改变，依然有超过三分之一的人民群众表示还是会经常购买超市提供的塑料袋。还有二分之一的人民群众表示其在日常生活中不会主动向生态环保部门举报商家免费提供塑料袋的行为。经济发达地区的人民群众对限塑令政策的接纳程度高于经济欠发达地区的人民群众。

有关调查显示，百分之八十以上的公众几乎没有参加过环保活动，面对有限生态资源的破坏和浪费、城市水土流失、大气污染等生态问题，部分人民群众作壁上观，等待政府或其他社会组织去解决，缺乏维护和促进生态和谐的主动性。由此可见，即使有科学的生态发展政策作为引导，如果人民群众的生态文明意识没有完全内化和发展，还是会导致人民群众的实践行为出现一定的滞后性问题。

（五）生态城市建设相关法律制度有待完善

法律制度是规范人类实践活动和调整社会利益关系的制度标准，对于生态城市建设起到重要的规范和监督作用。习近平在十九大会议上强调，全面推进依法治国，社会主义现代化建设需要完善的法律体系作为保障，实现有法可依、有法必依、违法必究。生态城市建设的政策法律体系不够健全、执法不完善、监督机制缺乏执行力以及人们对生态城市建设的法律意识缺失，都在时刻影响生态城市建设的进程。因此，完善法律制度是我国生态城市建设不可或缺的一部分。

尽管我国已经出台了《中华人民共和国环境保护法》等多部生态法律文件，但国内至今尚未正式出台一部有关生态城市建设的法律法规体系，综合性的法律制度严重缺失，立法表现出滞后性，制约着我国生态城市建设的规划与监管。在生态环境执法层面上，由于生态法律体系的不完善，导致生态执法机关主体不明确，时常出现生态环境执法部门之间各自执法、随意执法等问题，使法律制度未能真正落实于实践工作。例如，在2019年江苏省响水天嘉宜化工有限公司"3·21"特别重大爆炸事故调查报告中显示，爆炸事故发生的一部分原因在于：生态环境部门之间的分工不明确，没有认真履行监管职责；执法检查环节出现不认真不严格的问题；对于企业长期存在的重大风险隐患视若无睹；化工企业在此之前已经发现过违法行为的情况下，生态环境执法部门依然消极执法，仅对企业进行较低成本的罚款，对违法行为的惩戒力度远远不足；执法部门通过行政执法手段的选择性罚款，没有充分发挥生态环境法律的约束作用，不能从根本上实现生态发展可持续性的问题。

（六）人民群众在生态城市建设中参与度低

目前，我国众多城市已经在开展生态城市建设，但在引导人民群众参与到生态城市建设中的工作仍存在不足，人民群众未能真正行使好法律赋予的权利与义务，存在人民群众主体缺失的情况。并且人民群众对生态城市的认识较为匮乏，生态实践的行动上积极性不足，未能够从根本上激发人民群众强大的基础力量。

人民群众在生态城市建设中的参与度低。一方面是生态城市建设过程中政府部门与人民群众的沟通机制不完善，出现了政府规划与实施同人民群众之间部分脱节的问题。政府部门收集人民群众的信息途径和方式仍然比较传统，多数依旧通过召开听证会议、填写信息表格等单一的信息传播形式，没有充分运用好互联网、区块链等全新的技术形式，未能及时反映人民群众对生态城市相关信息的接受效率及问题反馈，一定程度上降低了人民群众在生态城市建设中的参与性。政府部门在工作信息主动公开环节中的积极性有待提高，大部分政府部门虽然认识到了人民群众参与的意义和重要性，但往往流于形式主义或空喊口号，真正付诸行动的较少，致使人民群众在生态城市建设的决策执行中参与度低。另外，人民群众对于建设生态城市存在过度依赖政府的现象。部分群众认为政府才是生态城市建设的唯一主体，生态城市的规划和实施完全依靠政府力量去执行，而自身则独立在建设工作之外，仅考虑到享受社会发展带来的生态利益，而对开展生态城市建设的工作积极性不高。

五、生态城市建设问题的原因

（一）生态文明意识缺乏

生态文明意识就是指保护环境、建设生态文明过程中形成的关于生存环境的一种思想认识，是人民群众处理自身与自然之间以及协调人类内部有关环境权益的立场和观点。习近平在北京城市规划工作会议上提出了"城市建设要以资源环境承载力为硬性约束""规划生态红线和城市边界开发"等重要论述，要求任何建设和发展都不能以牺牲生态发展为代价来置换。党和国家在 2017 年将"坚持人与自然和谐共生"纳入国家发展的重要战略计划，将科学的生态文明思想作为解决中国社会主要矛盾和可持续性发展的重要理论，促进了全社会的生态文明意识的提高。

习近平在 2017 年召开的中央城市会议上强调，要"统筹政府、社会、市民三大主体，提高各方推动城市发展的积极性。"科学地将政府、社会、市民视为推动城市发展的三大主体，主体之间相互协作推动生态城市的建设。目前看来，各个主体的生态意识没有完全觉醒，距离凝结成推动生态城市建设的合力还有一定差距。

1. 政府生态文明意识的缺乏

目前，一些地区政府依然延续"重经济，轻环保"的传统经济发展模式，在生态城市规划和建设过程中，为保障地区经济增长，漠视国家生态建设事业的战略安排，引进高污染、高消耗的落后产业，更有甚者协同企业进行违法违规操作，隐瞒生态污染事实，协助企业逃避国家管制。

我国传统经济发展模式多是以无限制地消耗生态资源来置换经济效益，片面地以经济发展水平为标准来评判一个城市的政治、文化、生态等方面的发展成效，机械式地认为经济增长势必会推动城市进步，漠视生态文明在城市建设中的重要地位。

此外，我国环境保护事业存在发展缓慢、基础设施建设不完善等问题，很大一部分的原因也在于生态建设的财政投资占比少，未能按生态发展需求匹配相应的财政资源。

2. 社会生态文明意识的缺乏

社会是生态城市三大主体中的重要部分，社会发展形式由不同层次和类别的经济结构共同构成。改革开放以来，我国主要的经济发展方式以资源消耗型、劳动密集型、单线式为特征，导致我国社会经济结构极为复杂。社会经济体系是生态城市建设和发展的基础，是"社会""经济""自然"三者之间有机协同的物质支撑。数据显示，我国国内生产总值中至少有 18% 是依靠生态资源消耗获得的。传统经济发展模式对生态环境的破坏体现了全社会生态文明意识的缺乏。

党的十九大指出，我国要促进社会产业结构转型，发展可持续的绿色经济，加快构建循环发展的经济体系。循环经济体系强调"资源—产品—再生资源"的闭环式流程，对社会产业间的协同配合提出极高的要求。正是因为社会生态文明意识的缺失，导致目前我国经济产业协同上还未形成完整的上下游互通体系，建设生态城市过程中的资源没有达到高效率的共享，出现了各个产业之间、

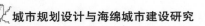

各个层次之间的复合式生态产业协同基础不牢固,资源、产品、再生资源三者之间的协调性不佳等问题。

3.市民生态文明意识的缺乏

生态文明意识的本质内涵是,在生产生活过程中人民群众应当具备的生态知识和精神观念,从而能够正确处理好经济发展与生态发展之间的关系。市民生态文明意识淡薄导致生态习惯未能完全转变。生态习惯指的是人民群众生态文明践行过程中自觉体现的习惯,是将习近平生态文明思想内化为自身的意志,并指导人民实践。"限塑令"的问题反映出人民群众在生活中并未形成时刻关注生态环境保护的生态习惯,违背了环境保护道德理念。市民的生态法制意识淡薄的根本原因,是市民缺乏生态文明意识。尽管国家和政府早已出台有关生态环境保护的法律规定,规范人民群众对生态环境产生影响和危害的行为,可是在法律规定颁布之后,仍有许多市民知法犯法,资源破坏和资源浪费等现象仍屡禁不止。

另外,市民缺乏城市主人公意识导致的市民鲜于参加生态城市建设的规划和建设。人民群众作为生态城市建设的重要力量,未能深入参与到城市规划和建设中,未充分发挥监督权力,而是过度依赖政府、社会力量,同生态城市建设相脱节。其片面性的生态文明意识,是市民生态文明意识贯彻不彻底的根本表现,从根本上影响着生态城市建设的短期利益与长期利益、个人利益与社会利益等。

(二)相关的法律制度不够完善

我国生态文明相关的法律制度不完善,是影响生态城市建设进程的重要原因。尽管我国已经基本实现了"宪法、法律、法规、规章以及标准五个层面的环保法律、法规与制度体系",但是与生态城市相关的法律制度,主要集中在环境保护法、污染防治法、自然资源法这三大类,且多以环境保护为主,城市规划和城市建设保证等相关方面的法律制度则相对有限。生态城市建设和管理的综合性的法制制度出现明显的滞后性,至今尚未出台。

总体而言,单一性的法律已经不能满足发展的需要,我国还缺少完整的生态城市法律制度体系。生态建设的相关法律制度的不完善,导致各部门之间在执法上分工不清晰,出现相关执行法律部分存在重叠与矛盾的现象。出现生态问题后,部门之间又多是采取分头执法、选择习惯执法等,通过拆除违章项目、选择性罚款等方式解决生态问题,未能有效促进生态问题的科学处理,影响生态城市建设工作的顺利进行。

如今，我国已经实行双轨式的建设管理方式，即中央政府部门的巡视抽查和地方政府日常管理监督相结合，能够在一定程度上保障生态发展。

（三）建设融资渠道匮乏

生态城市建设是一个长期的过程，具有建设投入高、回报周期长等特点。由于建设融资渠道的匮乏，我国生态城市建设的资金投入主要依靠政府财政支持，社会各组织和社会企业参与度较低，建设成本大多数由政府承担。经济发达地区建设资金尚且充裕，而经济欠发达地区面临的建设资金压力更大，他们除了向国家财政申请专项资金之外，缺乏更多的资金融资渠道，不得不放慢生态城市建设的进程。2016 年，我国政府和社会资本合作搭建融资支持基金（中国 PPP 基金），为国民经济建设和发展提供融资支持。该基金先后参与了"河南棚户区改造""江西生态新区建设"等城市民生项目，然而由于基金成立时间短、基金体量比较薄弱，其所支撑的城市建设能力有限。

所以，要解决经济欠发达地区生态城市建设的融资难题，必须坚持解放思想，积极拓展建设融资渠道，放宽融资门槛和项目限制，缓解城市建设资金匮乏问题，让更多的社会资金参与到生态城市建设中来。

六、生态城市建设的路径

党的十八大以来，习近平总书记站在新时代人与自然生态内在辩证统一关系的角度，对我国生态文明建设提出了一些全新又富有深意的理念。如"敬畏自然""保护自然""尊重自然"以及"顺应自然"和"一个良好的生态环境属于最普惠的民生福祉"等，这些高瞻远瞩又全面系统的生态文明建设理念，充分阐述了人与自然之间的内在关系，为我国新时代城市规划的生态环境建设指明了方向。

（一）做好城市产业定位与产业布局

城市总体规划与城市经济发展之间是相互依存的，以往的城市规划中，更注重产业发展的经济效益及社会效益，而实际上，城市产业定位和产业布局在生态环境保护方面的意义也尤为重大。在某种程度上，一个城市产业定位中的工业产业类型、发展规模决定了城市的污染类型和污染程度，也决定了一个城市在污染防治方面的方向及重点。

由此，在城市规划中，应充分考虑城市资源及环境条件，在生态环境承载力范围内，对城市产业发展定位做出合理限定，确定城市主导产业，制定产业

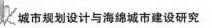

准入目录及负面清单，合理制定产业布局和产业发展规模，实现城市社会经济发展与资源环境的平衡及协调发展。

（二）改善人居环境

从现状来看，伴随我国城镇化建设速度的不断提升，大量的人口正不断地向着城镇涌入，这使得城镇的各种经济活动变得更加频繁，进而导致各种污染现象也越发严重。因此，在进行城市规划设计工作时，应注重从改善人居环境入手，考虑基础设施建设与生态环境之间存在的相互关系和相互影响，以此来保证在城镇建设过程中对环境产生的破坏及污染可以有效控制在最低的状态。

除此之外，在绿色建筑、污水资源化、生活垃圾分类收集及处置、长效保洁等各个领域，还需要积极努力地做好技术集成，注重加强科研工作力度，对于一些先进的新技术要积极引用和推广。

（三）优化生态空间格局

在城市规划中，生态空间格局优化可从恢复生态空间的自然功能、界定城市山林水体的保护边界和发展引导、合理布局城市的绿化空间、景观设计等多方面加以实现，并结合城市实际情况，综合考虑海绵城市、立体绿化、绿色街巷设计等理念，以此满足广大民众多样化的生活需求，并满足城市发展对生态空间体量和质量的需求。

（四）落实城市污染防治

城市污染防治是一项综合性工作，涉及面广、污染成因复杂。我国由于城市发展速度快、以往的城市规划对污染防治关注不够等原因，存在不同程度的污染问题，以及部分城市污染防治基础设施不能满足城市快速发展的需求。城市污染防治工作体现在城市规划中：一是要合理设置工业布局，最大限度地减轻工业污染对城市环境的影响；二是在城市规划中，更加重视环境基础设施建设、改造，运用先进的规划理念，促进污染防治措施的落地实施，发挥实际功效；三是在城市能源规划、交通体系规划内容中体现生态理念，不断优化能源结构，推广建筑节能技术以及新能源汽车，同时通过优化交通体系设计，缓解交通拥堵问题，实现城市中心密集人口的有效疏散，从而缓解城市大气环境压力。此外，城市规划中，还应做好电磁辐射、光污染、噪声及振动污染的防治工作。

（五）遵从人与自然和谐发展理念

在我国城镇化建设的推动下，居民开始不断地向着城市集中，这使得广大民众渐渐与原生态的山水自然环境产生了疏远，而选择了一座钢铁与水泥组成的城市，丰富多样的自然元素正从广大民众的视线中渐渐淡去。在以往较为传统的城市规划设计中，纯粹的自然过程正悄无声息地在广大民众的眼前消失，而其视野中所能够看到的则是各种满足生活所需的建筑物。虽然这些建筑物能够为广大民众的生活带来便利，但是也使得广大民众渐渐忽略了对城市未来发展的思考，也忽略了对环境现状的考虑，进而在一定程度上限制了生态环境保护工作的有效开展。所以，在当代城市规划建设过程中，应注重树立广大民众良好的尊重自然及保护自然的意识，积极推动广大民众主动参与到城市生态环境的保护工作中去，以此来促进城市生态环境不断向着更为健康良好的方向发展。

第三章 国内外海绵城市建设现状

海绵城市建设为新一代污水处理及雨洪管理提出了新的解决思路，对于解决我国目前水污染及水资源问题具有重大意义。结合发达国家海绵城市建设理念及技术，结合我国实际，对海绵城市建设中的重要概念进行理解和把握，阐述我国海绵城市建设未来发展中可能遇到的挑战及问题。本章分为国外海绵城市的建设现状和国内海绵城市的建设现状两部分。主要内容包括美国的《纽约市绿色基础设施规划》、澳大利亚水敏感城市设计、新加坡的 ABC 计划以及我国海绵城市建设进展和存在的问题等方面。

第一节 国外海绵城市的建设现状

一、美国的《纽约市绿色基础设施规划》

（一）规划目标

纽约市超过 60% 的管道系统属于合流制管道，包括 5 个行政区的 3330 多英里（1 英里 ≈ 1609.3 m）的下水道。降雨量较大时，雨水直接通过合流制雨水排水系统排入水体，这将直接导致大部分港区水质恶化，丧失游泳、垂钓等原有的娱乐价值。

因此，纽约市环保局在 2010 年制定了《纽约市绿色基础设施规划》，旨在从源头上解决合流制溢流污染问题。《纽约市绿色基础设施规划》的目标是到 2030 年合流制排水渠的 10% 的透水面产生 1 in（25.4 mm）的雨水，达到减少污水溢流的效果，规划的周期为 5 年。

（二）规划思路

1. 绿色基础设施建设

规划的核心部分是绿色基础设施的建设。规划拟在纽约市 52% 的用地（包括街道、停车场、公园、居住区、学校、其他公建及开敞空间等）中选择基础设施并加以改造，最终在 2030 年达到 10% 这一目标，可选择的源头分散型设施包括蓝绿屋顶、雨水花园、雨水桶、湿地及树池等。

2. 建设低成本 - 高效益的灰色基础设施

在加强绿色基础设施建设的同时，纽约市还通过建设低成本、高效率的灰色基础设施，进一步减少了汇流溢出。这类设施主要包括：管道曝气系统、污水处理厂的升级改造、河道疏浚工程等项目。

3. 优化现有排水系统

优化现有排水系统，扩增其排水容纳量，也是减少合流制溢流量的重要措施之一。生活污水管将废水输送至处理厂，而雨水管则将雨水径流通过单独的管道直接输送至当地的供水管道。纽约市的独立下水道系统包括 2220 英里的下水道和 1820 英里的雨水管。纽约市还有 138 英里的截污干管，将雨水和废水输送到处理厂。

（三）建设策略

纽约市实施和促进特定的绿色基础设施工作中，其策略是：①在道路和绿地上布置绿色基础设施，并根据集水区面积进行设计；②在新地块中布局绿色基础设施，并通过减少和免除排污税等政策措施鼓励绿色基础设施的建设；③绿色基础设施的修建将增加到现有的区划，政府将以投资和减少排水税两种方式促进设施的建设。

二、澳大利亚水敏感城市设计

（一）规划目标

水敏感城市设计的目的是在城市到场地的不同空间尺度上将城市规划和设计与供水、污水、雨水、地下水等设施结合起来，使城市规划和城市水循环管理有机结合并达到最优化。其目标主要有以下四个方面：在城市开发中保护自然系统；保护水质；将雨水处理与景观相结合；降低雨水径流的峰流量[①]。

（二）规划思路

水敏感城市设计将"水"置于城市设计的开端并将其贯穿于每一环节，使

---

① 辛玉玲，周娜，李娜.城市雨洪综合利用模式研究 [J].建材与装饰，2017（49）：298.

水资源的使用、储存和再利用在一个"可持续"的框架中运行。水敏感城市设计的实现途径如图 3-1 所示。

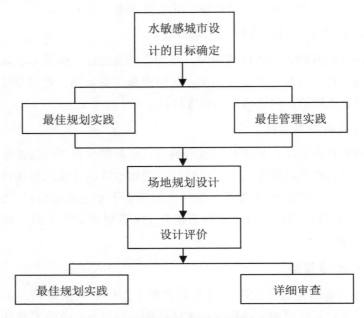

图 3-1　水敏感城市设计步骤示意图

（三）规划案例

Pirrama park（达令港公园）位于悉尼市 Pyrmont（皮尔蒙特）哈里斯街尽头，项目主旨为恢复从哈里斯街道走到海边，并设计供人使用的滨水社区设施。创新的、可持续性的设计包括太阳能使用和暴雨排水系统。暴雨排水系统部分，通过低势绿地、植草旱沟、生物滞留池、生态坡岸等多种水敏感性措施对地表雨水径流进行污染消减和净化，极大降低了雨水径流对海湾内海水的污染风险。

在 Pyrmont 的植物设计中，并没有采取过多品种的搭配和层次复杂的设计，而是更重视植物品种的功能性，每种植物的选择与分布都与暴雨排水系统有机结合。大面积疏林草坡的设计既满足市民活动休闲的需求，也为整个排水系统贡献出更多的收水与汇水面积，使其成为一个功能突出的滨水公园设计典范。

三、美国高点社区的低影响开发规划

高点社区位于美国华盛顿州西雅图市，因包含西雅图市海拔最高的地点（最高点海拔 160 m）而得名。高点社区地处费罗流域，其中郎费罗溪长 6.4 km，流域面积为 696 ha。该流域为三文鱼洄游的敏感流域，是西雅图市最有价值的资源之一。

（一）规划目标

①缓解合流制溢流污染，有效防治内涝；②清理沉积物，降低雨水污染；③保护溪流栖息地和濒危动物，防止气候变化。

（二）开发措施

1. 减少不透水路面，建造透水铺装

将街道的宽度由 9.75 m 缩减到了 7.62 m，不透水路面的面积减少了 22%。为减少雨水径流，高点社区的多孔混凝土路面已用于建设 2 个城市街区、50% 人行道、大量停车场和住宅。

2. 建造雨水花园与生态公园

雨水花园可以收集和吸收屋顶或地面的雨水。通过添加填料以增强污染物的去除效果和渗透性，改善了花园下部的土壤。同时，西雅图公用事业局还打造了大量的多功能开放空间，包括一个新建的水池公园、多个小型公园以及供儿童玩耍的场地。这些开放式空间不仅可以用作文娱设施和休憩用地，还可充当地下水库。

（三）效果评价

改造后的高点社区，新建树木 3000 棵，修建植被洼地和植草沟 15300 个，修建透水铺装路面长度 3.96 km。其中，耐旱景观植物每年可节约用水量 3.8 万立方米。监测数据显示，改造后的自然排水系统在半年一遇的暴雨中可以发挥较好的水质处理作用，实现两年一遇的 24 h 暴雨无外排。储水池的滞、蓄能力可抵御西雅图地区百年一遇的强降水。对高点社区中改造后的街道的监测结果表明，该地径流量比开发前减少了 99%。

四、新加坡的 ABC 计划

近些年来，新加坡为充分发挥水基础设施的作用，其国家水务局在 2007 年发布了"ABC Water Programme（ABC 水计划）"即活力（Active）、美丽（Beautiful）、清洁（Clean）水计划。这是一个新的来管理可持续雨水应用的水敏感城市设计方法。通过系统整治水渠及其周边环境，ABC 项目致力于发挥

所有水体的潜能，提高水资源质量，创造优美和干净的水源、河流和湖泊，以及风景如画的社区空间。在这个计划的推动下，新加坡发展了一个遍布全岛的水渠网络，包括32条河流，长达8000 km的水道以及17个水库。

（一）规划目标

新加坡2007年颁布ABC计划，确定了100多个项目，预计在2030年全部完成，洪水多发区的面积从1970年的3200公顷变成2014年的34公顷。具体的目标有：①发挥现有基础设施的最大潜力；②促进沟、渠河水库等雨水元素与周围城市环境全面整合；③提升水质，移除污染物，保护下游水生物；④提高生活品质，实现洁净亲水社区的建设。

（二）规划思路

新加坡的ABC计划与新加坡绿廊系统结合进行建设，具体的思路如下：①结合水上运动，增设滨海餐饮休闲区，将人们的活动与水结合起来，美化沿江景观；②过滤上游河流地表径流中的粗砂和其他污染物，还通过植被、生物沟等设施处理地表径流中的污染物；③采取了一系列措施，防止施工现场的泥沙等污染物进入水体。

（三）规划案例

加冷河－碧山公园是新加坡ABC水计划的一项典型工程。该公园面积为62公顷，河道长度为3 km。该改造工作主要解决公园自身翻新、因雨水径流导致加冷河混凝土渠道急需改造等问题。

①河流改造：将2.7 km的垂直排水系统改建成3 km的流水系统，提高市民与公园水体的互动关系，增加生物多样性，提供娱乐空间，从而提高市民保护水资源的责任心。

②材料的循环：运用生态技术加固河岸，回收利用木材为公园建造游乐设施、餐厅等，新的人行道与河流平行，宽敞的环境用于满足大流量的徒步旅行者、骑自行车的人和溜冰者的需求。

③生态多样性：天然河流孕育生命，通过土壤生态工程技术创造生物环境，从而增加生物多样性。

④生态净化群落：展示了新加坡首个生态净化群落，既能净化水质，还能维护自然的美观环境。

五、英国的可持续排水系统管理

20 世纪末期，英国通过对《国家可持续发展战略》和《21 世纪议程》进行升级改革，通过改革提出在城市排水系统中，还需要融入自然因素和社会因素，由此可以使得在以往排水系统之下出现的城市内涝、水污染以及自然生态的损毁等问题得到一个更加妥善的处理。这个新的城市排水系统就称之为可持续排水系统。

新的可持续排水系统与之前的排水系统有所不同，在以往保守的排水系统中，主要针对的只是水流的排放问题，而新型排水系统中，更加注重的是让水流能够在系统之内处于循环利用状态，以此达到可持续发展的目的。在注重水流循环处理时，还需要保证能够最大化地从水流来源之处处理径流和潜在污染的情况，这样才能尽最大可能保护城市水资源。

可持续排水系统在进行设计和建设的时候，要将城市水环境与景观环境进行统筹，要考虑水质、水生态等因素，改善传统做法中只考虑排水设施优化的现象，要纵观整个区域乃至整个城市这样更高的层面，从雨水管理、城市污水处理等多方面入手，打造城市整体水循环体系，优化城市水系统。

六、日本的雨水贮留渗透计划

日本由于水资源极度匮乏，对雨水资源极为珍惜，会采取各种手段进行雨水的收集和利用，早在 20 世纪 80 年代，日本政府就已经提出了雨水的截流方案，并用于实际建设之中。日本政府在 1992 年正式印发的《第二代城市用水总体规划》中，提出了要把能够进行雨水渗透的植物沟渠和路面纳入城市总体规划中；在规划中还指出必须要在新建的公共建筑和改建的建筑中增加雨水渗透的技术设施。日本民间还成立了类似"雨水贮留渗透技术协会"这一类的民间性组织，这些组织在较大程度上促进了日本雨水资源利用管理计划的实现。

日本在基于雨水储存利用的前提下，主要采取的雨水利用措施有以下几个方面。首先，将城市绿地、活动场地以及建筑周围空地的高度降低；其次，在对道路、广场以及停车场进行建设时多采用透水性较高的材料，并在适当情况下增加雨水渗透井建设，从而达到加快降雨发生时雨水的渗透速度的目的；再次，在大型、综合的公共场所和建筑地下预留较大空间，用来进行雨水的储存；最后，还在城市河流两旁修建排水渠道等。

在这之中，最具有代表性的手段就是基于以往功能单调的雨水调节池，开发建设出建设标准高于传统设施、投资回报效率增加、规模尺度增大的具有多

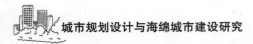

元化功能的综合调蓄设施。这些设施不仅能对雨水收集利用发挥更大作用，而且还具备休闲娱乐等多样功能。这类设施在日本得到了广泛的实施应用，并且取得了非常优越的效果。

七、国外海绵城市规划经验借鉴

（一）流域尺度的管理

海绵设施的布局，与雨水径流路径与汇流方向有直接的关系。同时，将海绵城市分解到流域尺度上，更易于各自独立管理，统筹协调。

（二）源头控制应对合流制溢流污染

纽约的绿色基础设施规划，对国内海绵城市的建设有很大的借鉴意义。在源头布置海绵设施，吸收和利用初始雨水，以减少组合系统溢流的降雨，这是解决该问题的关键措施。

（三）因地制宜选择措施

在澳大利亚对水敏感设计案例研究中，其水敏感措施（同国内海绵措施或低影响措施）的选择，以因地制宜为优先原则。最终选用的水敏感措施，都是在综合考虑项目所在地的气候、降雨、地形、地貌、场地用途后综合权衡的结果。

（四）生态优先、绿色低碳的景观营造理念

设计团队在项目开始之前便对整个场地的地势做了调查，利用场地现有的条件和特点进行设计。不管是园林内部或者外部的设计，设计团队都会对当地生态环境充分尊重与全力利用，将创作灵感完全展示在了各种各样的园林景观上。我国目前海绵城市的发展之路可参考这种经验做法，通过绿色基础设施网络的搭建减少碳排放，以基础设施和开放空间相结合创造绿色生态的人居环境。

（五）注重对水资源进行再利用

国外水资源管理理论经验基于气候变化、水资源匮乏的历史背景产生，实际推行过程中尤为注重对水资源的再利用。每一处水资源设施，都有对过滤、净化后的水进行再利用的考虑或装置设置，时刻提醒人们水资源的宝贵和来之不易。对于号称水资源充沛而实际上"水质性缺"的国内城市来说，如何把处理后的水恰如其分地用起来是海绵城市建设需要思考的问题。

第二节　国内海绵城市的建设现状

一、我国海绵城市建设进展

（一）海绵城市建设理论政策发展

2003 年，我国学者俞孔坚等人最早提出"绿色海绵"理念，并提出了建设综合解决城乡水问题的生态基础设施途径。2004 年，深圳市最先引进了低影响开发（LID）理念，率先开始在城市发展转型和南方独特气候条件下的规划建设中进行新模式的探索。2012 年 4 月，"2012 低碳城市与区域发展科技论坛"在深圳举行，首次提出了"海绵城市"概念。2013 年，习近平总书记在"中央城镇化工作会议"的讲话中对海绵城市的概念和研究方向做了明确指示，即在提升城市排水系统时要优先考虑把有限的雨水留下来，优先考虑更多利用自然力量排水，建设自然积存、自然渗透、自然净化的"海绵城市"。2014 年，我国发布的《海绵城市建设技术指南——低影响开发雨水系统构建（试行）》，对海绵城市概念进行了进一步细化和梳理。2015 年，《国务院办公厅关于推进海绵城市建设的指导意见》（国办发〔2015〕75 号）正式印发实施，意见指出要建设海绵城市，提高新型城镇化质量，促进人与自然和谐发展。2016 年，《国务院关于印发"十三五"生态环境保护规划的通知》（国发〔2016〕65 号）明确要求推进海绵城市建设，保护和修复城市生态。2017 年，党的十九大报告基于绿色发展理念，明确提出要加快生态文明体制改革，建设美丽中国。自此，我国海绵城市建设理论从盲目借鉴逐步转向本土化，海绵城市建设理论也更加理性和成熟。

（二）海绵城市建设生态技术途径

生态优先是海绵城市建设中最为重要的基本原则，生态问题是海绵城市建设时刻要重点考虑的对象。由于我国类似海绵城市这样的研究起步相对较晚，许多研究学者最初都借鉴国外的 LID 等理论并结合我国海绵城市建设理论基础，对我国海绵城市进行规划和设计。《海绵城市建设技术指南——低影响开发雨水系统构建（试行）》的出台，在实现海绵城市建设与我国法规政策和标准规范有效衔接的同时，也为我国海绵城市建设基本原则、规划目标、技术框架、内容、要求、方法等给出了明确要求。车伍等人对《海绵城市建设技术指南——

低影响开发雨水系统构建（试行）》中涉及的一系列新的基本概念、参数、方法及控制目标进行了介绍，提出构建 LID、GSI（绿色雨水基础设施）及传统技术相结合的综合蓄排系统，是缓解我国城市雨洪问题、提高雨水资源利用率、改善城市生态环境的有效途径。袁再建等人将海绵城市技术归纳为规划目标分解落实技术、模拟技术、材料技术、工程技术四类。车生泉等人将海绵城市构建途径与技术归纳为水生态系统功能主题保护与修复（包括识别水资源保护生态斑块、保护水系网络及生态系统、修复已破坏的水生态斑块及网络）、源头管理与控制技术（包括截流技术、促渗技术、调蓄技术）两大类。鲁长安等人对海绵城市的绿色要义进行了阐述，提出海绵城市的主要技术是低影响开发雨水系统，实质是建设生态弹性城市。

（三）海绵城市建设应用实践

在总结国内外经验基础上，自 2015 年开始，我国实施首批 16 个海绵城市试点工作，2016 年又增加了 14 个海绵城市试点。试点力度的不断加大，掀起了我国海绵城市建设实践的高潮。海绵城市已然成为现代化生态城市建设的重要抓手和创新手段，相关应用实践经验也为其他城市开展海绵城市建设提供了有益参考。

如武汉市作为首批海绵城市建设试点城市，按照"四水共治"战略思维和建设模式，采取源头、中途、末端三位一体的技术体系，通过建立地块滞蓄、管网提标、湖泊调蓄、外排泵站能力提升以及优化排涝调度的综合体系，对海绵社区实施全面分流改造、雨水入口的生态改造及水域生态修复等，协同解决城市内涝和水环境问题，初步达成"以滞促渗、以渗促净、以净促蓄、以蓄促用和以蓄促排"的海绵目标，取得了良好效果。厦门市马銮湾片区作为海绵试点片区，通过新建、改造绿色屋顶和可渗透路面，建设下凹式绿地和植草沟、人工湿地及调蓄池，实施内河湖水域生态保护、恢复与改造，进行雨污管网改造等方式，不仅有效减少了源头径流、降低了雨洪峰值、减少了城市内涝的风险，而且还有效缓解了建设区水资源短缺的现实问题。陕西西咸新区沣西新城则通过"地形竖向"设计、改良原状土下渗及滞蓄能力、研发全透式沥青路面等，逐步探索并形成一套四级雨水管理系统，打造出"一心一廊双环多带多园"的城市生态基地。

二、我国海绵城市建设中存在的问题

（一）海绵城市建设中的法律问题

1.海绵城市规划法律依据层级不高

在国家法律法规层面，以海绵城市建设命名的相关规划立法均为空白。作为我国城乡规划法律法规体系中的主干法的《中华人民共和国城乡规划法》，是其他规章政策制定的前提，对各级城乡规划规章与政策等的制定具有约束性与规范性，但是在其中并没有对规划中海绵城市相关因素的规定。

横向来看，由于城市规划涉及多部门，且其作为一项系统性工程，在海绵城市规划中，必须包含水资源、土地资源、城市基础设施等要素，因此海绵城市建设规划的重要法律依据除《中华人民共和国城乡规划法》等规划方面专业的法律法规之外，与之配套的法律也应当作为规划编制的重要参考。例如，《中华人民共和国环境保护法》《中华人民共和国防洪法》《中华人民共和国水法》《中华人民共和国水污染防治法》《中华人民共和国土地管理法》等。但上述法律中对于海绵城市的直接表述空白，尚未对海绵城市的建设提供有效保障。

总体来看，国家层面的海绵城市规划法律制度缺失，不仅没有专门的立法予以参考，与其配套的法律法规也未完善，还缺乏层级较高的综合法律体系建设。在国家颁布的一系列海绵城市相关政策文件中，对于海绵城市规划有所提及，在住房和城乡建设部2014年发布的《海绵城市建设技术指南——低影响开发雨水系统构建（试行）》的第三章中专设"规划"的章节，对于规划的基本要求、控制目标以及各层次规划中目标的落实均有规定。《国务院办公厅关于推进海绵城市建设的指导意见》（国办发〔2015〕75号）也确立了"规划引领"的基本原则。除此之外，其他的政策文件对于海绵城市的规划表述大多"一笔带过"。在海绵城市专项规划编制的重要指导性文件——住房和城乡建设部发布的《海绵城市专项规划编制暂行规定》（建规〔2016〕50号）中，对海绵城市专项规划的组织编制进行了规范，共四章包含二十条内容，原则性、概括性规定较多。由于其既不属于法律也并非行政法规，层级不高，对于具体的地方层面海绵城市专项规划的指导作用发挥有限。地方层面海绵城市建设规划方面的法律法规体系也不健全。在全国首部海绵城市建设综合性法规《池州市海绵城市建设和管理条例》中，对于海绵城市规划，总则中第三条确定了规划引领的原则；第二章规划和设计管理中确定了规划的主体、规划编制的指标以及监督管理机关。虽然内容不尽完善，但属于地方立法的有益探索和尝试。

反观其他海绵城市试点城市，对于海绵城市规划方面的规制以政策性文件与地方政府规章为主，没有层级较高的地方性法规支撑。而在地方政府各部门颁布的总体规划、专线规划等各层级规划的规划依据、规划内容、规划主体等方面也存在诸多问题。因此，海绵城市规划立法亟须高层级立法进行引领，海绵城市规划法律体系亟待完善。

2. 海绵城市规划立法理念未深入转变

过去我国发展经济，大多城市在规划建设中走上了"先污染后治理"的道路，从上层建筑的法律层面来说，重点也多放在污染后治理与末端控制之上。虽然海绵城市的相关立法并未完善，但防治城市内涝的相关立法多以"事后治理"为主，预防性立法的相关内容很少。在工程建设中，"重地上，轻地下""重面子，轻里子"的现象较为普遍。这同时体现出典型的"人类中心主义"思想。

在海绵城市建设中，"重工程，轻规划"的现象普遍存在，无论是在海绵城市的试点城市或地区还是在其他城市或地区中，新建的基础设施都占有较大比重，对于雨水排放的规划中以传统的"快排"为主，并未完全贯彻海绵城市指导文件指出的低影响开发理念，依旧大兴新建设。

在海绵城市试点城市专项规划中，多存在这种现象：用"海绵城市"的字眼，实际上采用一般工程建设的方式来建设。没有关注海绵城市本身的特点，用共性掩盖个性。除此之外，由于在海绵城市规划中涉及多个要素，在实际的管理中涉及多个部门，因此综合治理思想也尚未贯彻，规划碎片化现象依旧突出。

3. 海绵城市规划监管法律责任体系不健全

根据《中华人民共和国城乡规划法》中对于规划责任的相关条文，总结出规划行为承担的法律责任多为内部监察、行政处分责任等。在《中华人民共和国城乡规划法》第六章法律责任中，对行政机关的处罚多以"责令改正，通报批评"为主，并对有关人民政府负责人和其他直接责任人员依法给予处分。处分的幅度和对应方式没有较为详细的规定。城乡规划编制单位、建设单位或者个人承担的法律责任多以罚款这种金钱惩罚方式为主，其他方式涉及不多。而在不同主体所承担的法律责任中，刑事责任的承担并未细化。

在各试点城市的政策规章中，对于海绵城市的监管涉猎较少，大多为此类表述：海绵城市建设行政管理部门负责监督、奖惩等办法的制定和实施；任何单位和个人，有下列行为之一的，由住房和城乡建设、环境保护、城管等部门根据各自职责，责令其停止违法行为，并承担相应的法律责任。在海绵城市建设的全过程中也尚未形成全域监管机制。

4. 海绵城市规划依据中对城市 "生态本底" 的忽视

在海绵城市规划中，应当首先基于对城市 "生态本底" 的识别，详细了解城市哪里存在天然 "海绵体"，这些 "海绵体" 的现状是怎样的，在城市中分布如何。基于此基础开始海绵城市各层级规划的编制。

而在海绵城市各试点城市的规划实践中，几乎都对规划的目标、规划的主体、规划的编制程序、规划的内容、规划的分区等进行规范，对于海绵城市规划前的依据，较少出现详细规定。

许多试点城市在规划前对于城市的基础状况的了解，大多直接参考当地已经比较成熟的道路规划、排水规划等所依据的城市现状。而海绵城市建设作为绿色发展方式，其规划建设应当建立在摸清城市 "生态本底" 的基础上进行，并对城市的 "海绵基底" 进行识别，以此作为海绵城市规划的依据。

5. 海绵城市各层级规划数量多、"碎片化" 突出

由于规划主体的不同，各地海绵城市建设存在大量规划现象。整体来看，其存在规划层级混乱、内容详略不一、规划碎片化 "各自为政"、未形成完整规范的体系、各规划之间内容衔接性不强等问题。

在海绵城市规划建设中，水，既是治理的重点，也是规划的重要环节，贯穿规划始终。水具有流动性，作为自然要素受到季节更替等 "天时" 方面因素的影响，在城市规划中受 "地利" 方面因素的限制。因此，在海绵城市规划建设中应构建体系，完善内容，以期得到完善治理。具体分析海绵城市试点城市中各层级规划，发现存在下列问题。

（1）规划层级混乱，并未完全实现分层次分阶段规划

《中华人民共和国城乡规划法》等法律法规将城市规划分为总体规划和详细规划。详细规划分为控制性详细规划和修建性详细规划。根据《国务院办公厅关于推进海绵城市建设的指导意见》（国办发〔2015〕75号）中 "规划引领"一节的内容，海绵城市建设的科学编制规划包含：城市总体规划、控制性详细规划以及海绵城市相关专项规划。海绵城市规划体系由于涉及多部门多方面，是一个较为综合的体系。海绵城市专项规划在规划体系中属于哪一层次、与其他规划之间的关系如何需要清晰认识。

缺乏系统的专项规划不利于指导海绵城市的规划建设。海绵城市建设的低影响开发包含源头削减、中途转输、末端调蓄等多种手段，需要依据不同阶段进行规划的细化。

（2）各层级规划数量多，措施"碎片化"突出

在海绵城市建设试点中，一些城市由于不善于对城市综合问题进行梳理，仅考虑了城市排水管道排水能力的提高，而忽略了其与其他城市规划之间的统筹协调；在没有编制系统方案的条件下将重点分别放在建设项目中，导致了顾此失彼，未达到原定效果。

例如，一些城市编制了雨水利用规划，但是并未与城市总体规划同步，影响城市整体水资源的利用与循环。这反映出综合性、多目标的雨水控制利用专项规划的缺乏。海绵城市专项规划由于涉及多个部门——地方政府、住房和城乡建设部、水利部等，由于交流机制的缺乏，不同部门制定的规划有所交叉，甚至脱节，阻碍海绵城市的建设。

（3）规划内容的不健全

海绵城市建设一种创新的城市发展方式，从《中华人民共和国城乡规划法》到各级城市规划的编制办法，对规划中如何具体落实海绵城市规划，目前没有较为明确、统一的要求。尤其是在作为各层次规划总纲的城市总体规划中，如何落实海绵城市建设的相关内容要求，是需要明确规范的问题。城市规划中很少涉及排水规划的方法，也较少涉及排水、道路、用地等内容的权重和次序。另外，重交通规划和用地规划而轻其他市政规划的常规做法也是不可取的。

（4）规划内容存在不合理之处

规划中的各项指标互相制约、互相影响。在控制性指标体系中，一些指标的选取并没有考虑到城市雨水排放的需求，导致在地块开发以后对城市排水系统造成排水压力。

（5）各规划之间内容衔接性不强

承接上一问题，由于规划措施碎片化现象突出，整体性、全局性规划的缺失使得各规划之间有的相距甚远，无法统一建设。例如，依据我国现行规划体系中与海绵城市建设的两种相关规划——排水规划、防洪规划。这两种规划相互独立、分别编制，而两者之间的内容又相互渗透、相互交叉，在实际建设中容易出现矛盾，阻碍海绵城市建设步伐。

（二）海绵城市建设中的管理体制问题

1.海绵城市管理立法层级不高

现阶段我国国家层面上虽然制定了关于海绵城市管理的相关政策文件，但尚无系统的城市水环境管理的统一法典。有关水资源利用管理的相关法律、法规散见于环境保护法等相关法律、法规和城市管理条例中。这些法律由不同主

管部门各自起草，分别规定，其中直接关于海绵城市建设管理的法律规定缺失，因此海绵城市管理缺乏相应的法律支撑。

由于海绵城市的建设与规划涉及的行业与部门跨度大、范围广，当前我国针对海绵城市规划建设与管理缺乏整体专门的立法，例如，中华人民共和国住房和城乡建设部有自身对于海绵城市的政策规定、中华人民共和国水利部也有自身的政策规定、中华人民共和国财政部还有自身的政策法规……落实到海绵城市试点城市或地区，甚至更广泛地区的对应部门中，各部执行上级的政策法规，"各自为政"，海绵城市建设管理难以统一口径。

作为海绵城市试点城市之一的池州，2020 年 1 月 1 日开始实施我国首部海绵城市建设地方性法规——《池州市海绵城市建设和管理条例》，该法规中第五条明确了海绵城市的主管部门，对于规划、设计、建设、管理运营和维护等都进行了管理方面的约束。但在大多数试点城市中，地方政府规章大量存在，立法层级不高，协同性较差。

2. 海绵城市管理机制有待健全

依照海绵城市各试点城市的政策规定和政府规章，30 个试点城市都成立了"海绵办"这一专门负责海绵城市建设管理的机构。其称呼大同小异，例如，镇江市海绵城市建设管理办公室、池州市海绵城市建设试点领导小组、珠海市海绵城市建设工作领导小组等。这是由于海绵城市建设本身具有综合性，需要水利、环保、市政、交通、生态、财政、城建、国土等许多部门的合作参与。而在大多数城市的规章政策中，尚未细化各部门的职责，部门之间的相关规定无法有效衔接，缺乏集体细致的协调沟通，容易导致管理"碎片化"。

目前我国多数城市的防洪由水利部门负责，排涝由市政部门负责，环境与生态由环保部门负责，景观由园林部门负责，城市道路由市政部门负责。因此，城市的供水用水和水污染的防治管理并非由专门部门统一管理，而是分别被纳入了不同的职能部门，各部门之间形成了一种"各自为政"的状态。由于各管理部门的行政职责不同，"九龙治水"的情况时常出现，部门之间出现不同程度的职能交叉以及不同程度的利益冲突，甚至出现责任相互推诿的情况。这便是"各自有一套标准，相互之间没有协同"的消极影响的体现。各部门间亟须建立常态化的沟通交流机制，利用整体性的思维进行海绵城市管理机构的建构。

3. 海绵城市管理中考核、监管内容缺乏

海绵城市监管体制不够完善对海绵城市建设工作的进展产生不利影响。目前，我国海绵城市管理体制中存在监管主体不明确，例如，在《国务院关于加

强城市基础设施建设的意见》（国发〔2013〕36号）中提出要加强部门协调配合，"住房城乡建设部会同有关部门加强对城市基础设施建设的监督指导"中有关部门的范围不明确、监管措施不对等、监管程序不规范等问题。由于海绵城市管理涉及的部门多，因此监管措施有偏差、没有统一标准也是不完善之处。除此之外，地方政府的责任落实不到位也反映出监管措施的部分缺失。大部分对海绵城市进行管理的地方政府尚未将海绵城市建设管理工作纳入政绩考核之中。

三、我国海绵城市建设过程中要考虑的问题

（一）要做好充足的思想准备

在正式进行海绵城市的建设工作之前，各个部门的相关人员都要做好充足的思想准备，要全面理解海绵城市的建设不是短期内就可以实现的，在建设的过程中会遇到很多的难题，且每个城市都有着不同的生态环境和地理位置特点，所以要按照每个城市不同的情况来制定出不同的规划方案。而海绵城市的建设目标是将那些被破坏的生态环境和水资源系统修复好。由于这些生态环境和水资源系统受到了不同程度的破坏，城市内部的绿化等设施也受到了相应的破坏，严重影响了城市居民的生活和需求。所以，在海绵城市的建设过程中需要做到海绵城市和城市水土保持工作的统一，避免城市的生态环境受到破坏。

（二）要考虑自然环境带来的影响

由于我国的国土面积非常辽阔，南方地区和北方地区的地理位置、生态环境、气候变化、风俗习惯等方面都存在着一定的差异。所以在规划设计的过程中就要充分考虑到这些方面的差异。比如，南方地区的气候比较湿润，年均降雨量比较大，城市洪涝灾害出现概率大，严重影响了城市居民的正常工作和生活质量。而大多数的北方地区城市的气候都比较干旱，年均降水量较少，这种情况下就不能考虑城市的排水问题，而是要重点考虑怎样有效地将雨水储存起来，将其进行合理的循环使用，最大程度地节约水资源。所以，海绵城市在建设的过程中会受到自然环境带来的影响，在对其规划设计时要根据不同地区城市的实际情况来制定合理的方案，做到因地制宜。

（三）要考虑海绵城市建设中出现的困难

海绵城市的建设具有全面性和政策性，建设时间也相对较长，属于城市建设的系统性工程。海绵城市在计划、建设、维修、管理等过程都存在一定的困难。

计划方面的难点主要体现在计划控制的目标选择方面，低影响开发具体设施和相关组合的选择也是非常关键的；在建设方面的难点主要体现在建设资金的落实、建设计划和开发方案等方面；维修方面的难点主要体现在低影响开发设施系统要如何承受时间的考验方面；管理方面的难点在于市政设施和城市建筑的建设方面。

海绵城市建设在具体的内容上包含了住宅和公建等项目，这些项目在雨水控制上都需要把重心放在降低场地内外的雨水量上，只有这样才能有效缓解市政雨水管理的压力，减少城市出现洪涝灾害的概率。这种方式虽然在实行过程中会遇到很多困难，但是对城市的发展能起到良好的推动作用。

第四章 海绵城市的规划设计

随着我国城市化进程的飞速发展，城市水资源的利用和开发问题日益严峻，海绵城市理念越来越受到追捧。海绵城市的设计和建设，会受到自然地貌、气候环境、人工元素等多方面因素的影响，这就要求设计人员通过实地勘察，因地制宜地提出有针对性的实施方案，进而充分发挥其效能。本章分为海绵城市规划设计的目标与内容、海绵城市规划设计的步骤、海绵城市规划设计的要则、海绵城市设计与生态城市设计四部分。主要内容包括：海绵城市规划设计目标、海绵城市规划设计内容、海绵城市规划设计的步骤、海绵城市规划设计原则与要点、海绵城市设计理念的应用、生态城市设计的原则等方面。

第一节 海绵城市规划设计的目标与内容

一、海绵城市规划设计目标

《海绵城市建设技术指南——低影响开发雨水系统构建（试行）》（以下简称《指南》）中提出了包括年径流总量控制率在内的五项控制目标，指出各地区应该根据区域背景、水环境突出问题、经济成本等因素因地制宜地选择一项或多项作为地区海绵城市控制目标，具体情况如表4-1所示。在实际建设中，年径流总量控制率因可以同时实现径流污染、径流峰值控制，成为各地海绵城市建设的核心指标[①]。

表 4-1 海绵城市控制目标选择

城市特征	控制目标	备注
水资源缺乏	雨水资源化利用	采用水量平衡分析等方法确定雨水资源利用的目标

---

① 黄维让.海绵城市建设中城市道路雨水系统设计探讨[J].城市道桥与防洪，2016（9）：15-17.

城市特征	控制目标	备注
水资源丰沛	径流污染或径流峰值控制	无
水污染严重	径流污染控制目标	年固体悬浮物（SS）总量去除率等
水土流失严重 / 水生态敏感	年径流总量控制率	减少地块开发对水文循环的破坏
易涝城市	径流峰值控制	达到内涝防治设计重现期标准

海绵城市规划设计控制目标根据城市建设现状、自然环境、功能布局、气候条件等多方面因素制定，渗透到海绵城市规划设计每个流程中，如图 4-1 所示，通过层层分解至各地块，借助低影响开发设施协同作用落实。《指南》中给出了海绵城市规划指标在各个建设层级的落实方法与研究重点[1]。城市总体规划层面，应以汇水分区或行政分区为基本单元进行海绵城市管控。城市控制性详细规划层面，通过各强制性指标将海绵城市指标如年径流总量控制率、绿色屋顶率、透水铺装率分解至各个控规地块，以约束性指标的形式保障海绵城市规划设计的落实。修建性详细规划层面，研究如何通过海绵城市设施的合理布局达到上位规划要求。设计层面，应首先确定地块控制目标，通过各项单项措施的协调作用达到该目标。《指南》规定了海绵城市建设控制目标不同层级的内容并给出了对应的赋值方法，详情如表 4-2 所示。

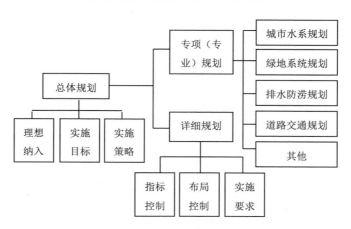

图 4-1　海绵城市规划内容示意图

---

① 武建奎. 山西中小城市海绵城市建设方式研究 [J]. 山西建筑，2018，44（13）：116-117.

表 4-2　城市规划体系中海绵城市建设控制目标

规划层级	控制目标与指标	赋值方法
城市总体规划、专项规划	控制目标：年径流总量控制率及其对应的设计降雨量	通过当地多年日降雨量数据统计分析得到年径流总量控制率及其对应的设计降雨量
详细规划	综合控制指标：单位面积控制容积	根据总体规划阶段提出的年径流总量控制率结合各地绿地率等控制指标，参照相应公式计算各地块的综合控制指标，即单位面积控制容积
	单项控制指标：下沉式绿地率及其下沉深度、透水铺装率、绿色屋顶旅、其他	根据各地块的具体条件，通过技术经济选择单一或组合控制指标，并对指标进行合理分配。指标分解方法：①根据控制目标和综合控制指标进行试算分析；②模型模拟

　　海绵城市规划指标分解将海绵城市控制目标具体化，指导海绵城市设施的布局与具体建设，因此构建科学的海绵城市指标体系对其控制目标的落实至关重要。海绵城市规划指标分解在海绵城市规划中具备3个功能：一是推动作用，推动海绵城市自上而下的实施，促进海绵城市控制目标的落实；二是平衡作用，平衡不同区域发展，指标分解根据地块实际情况制定，在改动难度大的地块适当降低指标，开发潜能大的地块适当提高指标，从而平衡不同区域的海绵城市建设；三是监管作用，在控制详细规划层面，海绵城市控制目标以约束性的指标分解到各个地块，以保障海绵城市建成效果。

二、海绵城市规划设计内容

　　海绵城市建设内容可分为两个角度探究，如图 4-2 所示。

图 4-2　海绵城市建设内容

（一）水科学体系

水文学方面，对海绵城市建设的研究离不开"水"，了解当地水文特征和水循环才能合理规划建设；水环境方面，重视径流源头削减，利用海绵城市设施进行源头分流、就地净化处理；水资源方面，结合当地河流、湖泊和池塘等自然水资源，建设雨水调蓄系统，将自然水资源与再生水资源协调调度；水文化方面，构建当地特色水文化体系，加强水文化节约意识建设；水安全方面，雨水管网与海绵城市设施结合迟滞雨水，减少内涝引发的水安全问题，在建设海绵城市时考虑人类活动安全问题；水工程方面，涉及河流、城市雨水、污水等多项水工程建设，重视规划设计、实施考评和运行监管；水经济方面，建设需要大量资金支撑，政府财政与社会资金协同合作、融资投资，开发多元经济合作形式；水法律方面，补充健全法规政策体系，推动相关部门的工作进度、约束规定工作职责，保障建设能够正规、有序进行；水信息方面，建立健全信息库，及时更新最新进展，建设信息化、智慧化城市；水教育方面，需要开展"新理念"宣传教育，长久维持保护水生态，普及"新理念"城市的知识，激发公众参与教育活动的踊跃性，使政府和人民群众共同努力，构建绿色、和谐、生态和持续的海绵城市。

（二）技术运用

无论海绵城市建设措施如何配置变换，其建设内容核心均为三原则和六字方针。"渗"——城市硬化面积大，大多数雨水径流在路面汇集到雨水管网排出，增加管网压力，破坏原本水文特征，通过加大自然下渗缓解管网压力，补充地下水，保护水文特征；"滞"——内涝形成原因是在某一处雨水径流短时间大量蓄积，通过设施慢排缓冲，迟滞峰值流量和峰值时间；"蓄"——建立分散蓄水缓解内涝，达到错峰错流的目的，蓄存雨水可再次利用；"净"——蓄积起来的雨水，通过植被、土壤和微生物协同作用，达到自然净化目的；"用"——增加净化后雨水的利用率，如浇灌公共景观设施、道路冲洗；"排"——地表雨水排放与地下雨水管网结合，蓄存的雨水通过下渗补给、吸收挥发实现二次利用，剩余雨水从雨水管网排出。排水防涝主要依靠源头减排，利用小型、分散的 LID（低影响开发）设施实现"滞""蓄""净""渗"和"用"；雨水分流依靠雨水管和截留管实现"排"；末端调蓄依靠大型雨水塘、大型雨水湿地和调蓄池实现"蓄""净"和"用"；水生态修复依靠生态浮岛、生态驳岸、水资源调配和河道疏浚实现"蓄"和"净"。

第二节　海绵城市规划设计的步骤

一、"海绵城市"理论在城市规划设计中的应用

城市总体规划和建设大部分都是围绕道路、园林、居民区、商业区、工业区展开的。应用"海绵城市"理论，对这些区域进行必要的设计，可以保证它们各自给排水健康运转，对于整座城市而言又能做到总排水的合理设计，避免排水量超过设计极限造成内涝。

（一）道路

根据《海绵城市建设技术指南——低影响开发雨水系统构建（试行）》可知，道路建设需要综合考虑行道林、草坪、渗透砖、排水沟渠、路面的综合设计。其中，行道林、草坪、土壤对雨水具有渗透、过滤、吸收作用，有效地降低了路面径流。路面采用透水混凝土材质，使雨水可以快速渗透，并在路面曲度作用下向沟渠汇集，或者直接进入下沉式绿地当中，由其中的林木、草坪、花卉等来负责净化。为了保证下沉式绿地发挥作用，其高度需要其低于路面标高 25 cm 左右。而且绿地需要选用吸水能力强的草坪、花卉、树木。其中，泥炭藓这种植物吸水力极强，可以吸收自身重量数十倍的水分，值得在城市海绵建设中大面积推广。

（二）园林

园林海绵结构设计需要综合考虑景观区、水景区、林区、道路、建筑等布局，要秉持"水往低处流"原理，将景观区设计到最高处，由核心景观区作为圆心来合理铺设道路，保证道路具有缓坡，以利于水在重力下向低处流淌汇集。林区则分布于道路两侧，以及水景区周围。水景区则是将道路、林区、草坪、花卉等渗透净化过的水集中起来形成深浅不一的池塘甚至于湖泊。

为了保证林木、草坪、花卉的成活率，建议选用抗旱能力强吸水多的植物，例如，蒙古韭、紫花醉鱼木、沙冬青、中间锦鸡儿、胡杨等都是不错的选择。若是经过林区、草坪（下沉式绿地）处理后的水仍然含有过量泥沙以及污染物，需要在湖泊入水口专门设计二次处理设备。从成本角度考虑，可选用可反复冲刷洗涤设备。在雨季可以启动储水设备，将经过林木、下沉式绿地处理过的水存积起来，缓解湖泊存水压力，同时可将该水用在旱季浇灌草坪和树林。

（三）居民区

首先要对居民区人数、家庭用水量等进行计算，这样才能保证每一栋居民楼的排水系统都具有足够的管径。为了降低城市污水处理站的压力，可于一定规模的居民区内设计居民污水处理设备。

目前，该类设备经过改进，采用不锈钢等作为主材，使用寿命可达 60 年，而整个机械成本不过数千元。通过该设备处理之后的污水经道路排水系统进入自然水系，或者再次汇集于城市污水处理厂进行二次处理后，在其各项指标达标后排放于自然水系。当然，也可以在道路排水系统中将处理过的居民废水予以利用，如浇灌树木草坪以及道路净化。

（四）商业区

商业区的海绵建设应用主要还是计算其用水量、排水量，并融入污水处理设备。经过设备处理的水可以经道路排水系统进入自然水系，或者通过特殊的装备将其转移到储水设备内用于道路喷洒和净化。另外，考虑雨水影响，可以在商业区推广雨水收集系统，将屋顶雨水导流到地面，并于低处建立蓄水池。

（五）工业区

工业区的污水和雨水处理必须要将二者区分开来。工业污水必须经过系列处理且达标之后才能排放到排水系统内和雨水混合，之后它们通过工业区内的排水系统进入下沉式绿地、林地、草坪当中。这样工业区在污水处理方面形成了自我消化，避免了对环境的污染。

诚然，有的工业区用水量大，除却本园区植物生长所需之外还会有大量的剩余，此时需要对这些水源进行排水设计，重点抓住检验关节，确保水质符合国家允许排放标准，之后将其通过管道汇入道路排水系统当中。

通过以上论述，我们可以看到，园林、道路、居民区、工业区、商业区这些主要区域的雨水以及生活、生产废水都可以通过道路排水系统建立连接，让多余水源得以排放到自然水系之内。这也意味着道路排水系统属于关键环节，必须要充分计算区域内排水量，以及对每个道路排水口排水量进行合理设计，保证它们的排水总量大于区域内排水最大限值，这样便可以避免管径不足导致的水源倒灌。同时需要定期巡查疏通，保证整个海绵系统的健康运转。而园林、广场这一类的建筑工程，相当于城市的储水水箱，对于城市排水系统具有很好的减压作用。为了提升城市海绵效果，可以尽可能缩减居民区、商业区面积，增加园林、广场面积。

海绵城市理论在实际的城市规划建设当中转化率并不高，这是由于其属于新理论，而且有关实践也刚刚开始数年而已。故此，想要很好地应用这一理论，必须充分了解本地的气候、降雨量、目前城市规划水平等客观信息，这样才能保证规划、建设的有的放矢，而非大拆大建。进而言之，其需要考虑到成本、环境效应等以便做出合理规划，其对于规划者的海绵城市理论素养有一定的挑战性。

二、海绵城市规划设计的步骤

（一）规划流程

结合城市规划的相关要求，将海绵城市规划流程概括总结为以下几点：一是做好建设区域内地质地貌、排水蓄水情况、湿地情况等的调查分析，了解建设区域的自然环境特征，为规划设计提供依据支持；二是进行区域内排水系统及管道走向的综合探究，确定所需设施设备及技术工艺，为雨水科学排放奠定基础；三是综合上述资料开展规划工作，考虑该地区基础设施分布情况，合理规划土地资源，缩小设施占地面积，规避较大规模施工；四是明确规划设计指标，按照指标要求，开展排水系统设计，有效控制雨水和污水，增加排放达标率。

（二）规划措施

在海绵城市规划建设中，应从适应性、可行性和经济性三方面展开综合考量，结合城区具体情况采取合理措施，完善海绵城市建设管理体系，为绿色生态城区建设目标的达成贡献力量。在此将可能使用到的规划措施概括如下。

1.加大水资源敏感区域的保护力度

海绵城市规划建设中，应对城区现有河流、坑塘、湿地等较为敏感的水资源环境实行严格把控，必要时可将这些地区作为禁区，隔离保护，以解决因城市建设带来的污染和破坏问题，保护城区原有的水资源环境。同时以低影响的设施设备来开发建设城市雨水排水系统，并将其与城区原有的排水沟渠实行整合衔接，防止城市出现内涝，保护水质的安全无污染。

2.集约式开发模式

集约式开发模式能够在海绵城市规划设计中，对城区生态空间环境加以科学规划，做到空间的合理划分，加强城区建设的规范性、规整性。同时，集约式开发模式也可避开混乱局面带来的束缚和制约，推动开发建设活动的顺利进行，实现自然资源、土地资源的合理利用，为绿色生态城区规划提供支持。

3. 保证透水面积

透水面积是海绵城市规划建设中需要重点注意的内容。目前，很多城区在规划建设中，为迎合现代化发展要求、提高城市交通水平，而加大硬化施工面积，增加混凝土地面，导致雨水掉落后多积聚在地面上，难以渗透到地层深处，进而增加了污水量，为城市带来了较大影响。

为此，在海绵城市规划建设中，应考虑渗水面积的扩大，通过增加绿地面积、铺装透水性强的绿色地面，促使雨水的快速渗透，减少雨水的大量堆积，从而加快城市排水，增大水资源的循环利用率。

4. 排水区域规划

海绵城市规划设计中，排水区域的确定也是非常重要的，其直接决定城市的排水速度，关系到城市的日常运行。在排水区域设置中，需将自然排水和人工排水相结合。前者利用城区构建的自然排水体系，实现雨水快速吸收和处理，如植草沟、绿地等，且做好自然排水的科学保护，避免破坏问题的产生。后者则是通过人工排水口的合理设置，加快雨水排出。通常情况下，设计者会在道路两侧设置排水口，加快路面积水排放速度。不过设置中要注意排水口与建筑间的距离，以免影响其正常使用。

第三节　海绵城市规划设计的要则

一、海绵城市规划设计原则

（一）自然优先

海绵城市建设虽然是为了解决城区存在的水资源问题，但是其是在保护资源、科学开发和利用自然资源基础上实现的，只有坚持自然优先的原则，合理利用现有资源优势，才能保证海绵城市的构建质量，做到城区现有排水系统的优化处理、水资源的科学排放和存储，从而落实循环利用目标。同时，坚持自然优先原则，可加大城区绿地建设面积，利用绿地实现雨水的存储、净化和调节，改善绿色环境建设水平。

另外，在建设海绵城市的过程中，要充分利用绿地自身功能，尽可能地降低径流污染发生概率，从而最大限度地增大雨水的循环利用率，推进城市的可持续发展。

（二）统一规划

海绵城市规划设计应建立在城区规划设计基础上，以城区规划设计为总体指标要求，为海绵城市规划设计提供依据指导，从而构建完善的管理体系，做到统一规划管理。在实际作业中，工作人员需从国民经济、社会经济、资源利用、绿地规划、旅游开发等多个环节展开综合考虑和分析，完善海绵城市规划设计内容，实现同步建设发展，以此发挥海绵城市主体功能、完善城区建设。

同时，还要以规划城市空间为基础、以发展城市经济为原则、以提高城市生态效益为核心，充分发挥海绵城市理念的应用优势，为海绵城市总体规划设计的顺利推进提供技术支撑。

（三）经济性

在海绵城市规划设计中，还应考虑经济性原则，在维护工程经济利益的基础上，尽量缩小建设成本，降低资金损耗，为城区发展及绿色环保目标的达成奠定基础。海绵城市作为一项较为复杂的工程，资金投入多，需要融合绿色生态城区建设要求，同时需将绿色性、经济性予以综合考量，找出其中的平衡点，科学规划资金方案，实现全生命周期的管控，以此提高海绵城市建设质量，推动城区良性发展。

（四）规范性

基于海绵城市理念进行城市设计，应遵循规范性原则。明确海绵城市设计目标，科学制定海绵城市规划方案，并融入生态平衡观念。全面分析城市的水力资源状况，了解其水文条件，选择适宜的海绵城市设备，提高海绵城市功能性；加大对海绵城市建设的资金投入，做好相关维护工作。

（五）一切从实际出发

海绵城市理念下的城市设计工作，应遵循一切从实际出发原则，做到因地制宜，根据城市的实际发展状况、城市环境的特征、地域特色，进行科学的城市规划设计。在此基础上引入海绵城市理念，明确城市所在区域的雨水资源情况，严格控制城市的水环境和经济发展水平，以保障城市设计方案的合理性、科学性。

除此之外，还需针对海绵城市建设在规划设计、工程实施、评估和维护方面的效益展开科学分析和评估，另外，为加强评估结果的全面性和合理性，还应做好对海绵城市建设成本和运营成本的评估工作。

（六）定量与定性规划相结合

目前，海绵城市设计大多体现在定性规划设计方面，如透水铺装、下沉式绿地、植草沟等低影响开发设计的选择，绿地植被的选择等。但有时这些定性探讨不足以支撑海绵城市设计理念的践行，需要定量的分析报告才能准确执行。现阶段借助 MIKE 系列软件对河道及城市管网系统进行模拟，对水文的定量分析已经比较成熟，其中包括：各地块设计的最大降雨量及流向；在多种拟定"海绵城市"方案下的单位地块的雨水阻滞能力，择优评价方案可行性；在数值模拟的指导下做具体的城市规划个性化设计。海绵城市理念下的城市建设需要定量与定性规划相结合。

（七）重视生态安全

在海绵城市建设中，一个重要的设计原则就是生态保护。因此，低影响开发、自排水系统成为"海绵城市"理念在改造城市中的首选，目的是解决雨季排水困难引起的城市内涝及旱季供水不足导致的缺水等问题。在城市规划建设中，要保证海绵城市建设中管网等基本工程设施与传统市政设施相配套，确保相应工程措施与城市市政基础设施运行相衔接。同时，严格控制雨水与自来水分流、雨污分流，避免水污染，保证市政生活用水安全，并且尽可能地净化雨水，缓解水资源短缺的水安全问题。

二、海绵城市规划设计要点

（一）修复生态海绵体

在海绵城市建设规划设计中，建议工作人员最先关注城市自然生态海绵体的运行状况，对其采取保护、修复措施，以此奠定城市高效水循环系统的基础。海绵城市的建设是以自然生态圈中"自然海绵体"为立足点，因为，自然海绵体不仅能够有效调节城市的河流水情况，调节地表水体污染情况，而且还能够有效解决旱涝灾害。

基于此，在海绵城市的规划设计中，要关注自然生态海绵体的保护与维护。根据地区有关规定，明确限建区、蓝线区与绿线区，加强对生态板块的保护；制定强制性规定与法律条款，避免这些区域遭受破坏，让自然海绵体保持自己的调蓄与呼吸能力。

之后，需要加强对城市水环境、自然绿地环境的修复，开展河流疏浚、河流截污工程，保护天然湿地环境，建设人工湿地，形成人工湿地与天然海绵体之间的有机融合，进一步打造完整的海绵体系，实现海绵城市的规划设计。

（二）明确水资源需求

要想形成科学的海绵城市建设规划设计，就要严格遵循"因地制宜"原则，根据地区城市的水资源需求进行设计，调整城市的蓄水能力与调节能力，保证城市蓄水恰好满足循环的需求，避免蓄水量过多或者过少影响城市自然水循环的健康指数。科学合理的海绵城市规划设计，需要工作人员考虑城市地理位置、自然气候、生态环境、降水情况、洪涝特点等综合因素，根据城市发展情况、人民生活需求，综合评估城市的内涝风险、防洪情况、旱灾风险等，从而得到海绵城市设计指数，有目的、有方向地展开设计与规划。

根据《海绵城市建设评价标准》（GB/7 51345—2018）中"评价内容、评价方法方面的要求"，结合实际情况提出：若地区年径流量控制量≥79%、防洪标准为近期50年（远期100年）、水质标准为Ⅲ类、SS去除率≥30%、雨水资源利用率≥1.5%，则此时可以根据城市管网现状、自然水系、地形走向等因素，构建暴雨洪水管理模型（SWMM），明确划分城市自然水循环分区，评估各个分区，之后提出满足不同分区条件与需求的海绵城市建设规划方案，提升海绵城市规划设计的科学性、发展性。

（三）强化规划的管控

开展海绵城市建设规划设计，工作人员还需要进一步加强对规划设计方案的管控力度，贯彻落实规划内容，明确技术路线与手段。工作人员要分析出具体的海绵城市建设要求，按照城市整体布局情况，制定完善的海绵城市建设阶段性方案、管理策略、管理原则，指出重点规划区域，为之后的工程建设奠定基础。之后，要分别开展绿化工程和道路的建设，将这两部分作为降雨收集的重要方式，加强道路与绿化的减排能力，提升海绵城市的雨水调度与吐吸能力。海绵城市规划设计实施可以大致分为3个技术路线：一是解读规划设计，形成以地形地势为核心的海绵城市空间规划；二是分解海绵城市规划中的雨水积蓄与吐吸能力，形成不同分区的建设指标；三是搭建海绵城市综合效益评估结构，实时关注海绵城市的规划与建设效益。

此外，工作人员可以利用现代信息技术，搭建SWMM，利用专业软件分析模型的模拟结果，绘制海绵城市径流系数表格与分区建设指标图示，将其作为落实海绵城市规划设计、推动建设进程的重要资料。

第四节 海绵城市设计与生态城市设计

一、海绵城市设计的内涵

建设智慧化海绵城市，使雨洪不再是灾害，而是重要的水资源。有效控制雨水径流、修复城市水生态、改善水环境、涵养水资源，增强城市防涝能力，实现"小雨不积水、大雨不内涝、水体不黑臭"。

相比较传统的排水系统和内涝设施设计，利用数值模拟技术建立适合的城市内涝模型，结合气候变化和城市化变化引起的降雨条件以及土地利用变化对城市现有排水系统能力进行风险评估，并预测地表可能产生暴雨灾害的区域，同时技术人员可依据分析结果针对高风险区域提出有效改善措施，对帮助海绵城市建设具有非常重要的意义。

基于海绵城市设计理念，针对城市内涝问题综合采取"渗、滞、蓄、净、用、排"等措施。"渗"指雨水下渗减排，透水铺装；"滞"指雨水滞留，下沉式绿地、生物滞留设施等；"蓄"指雨水蓄存，蓄水池、雨水罐、湿塘、雨水湿地等；"净"指雨水净化，控制水环境质量；"用"指雨水收集回收利用；"排"指超标雨水溢流至排水系统。

二、海绵城市设计理念的应用

（一）在雨水收集方面的应用

在对屋顶进行建筑施工期间，可应用绿色屋顶强化收集雨水的能力，降低地面径流的形成。针对不适于建造绿色屋顶的小区，可通过排水沟和雨水链的方式，引导雨水直接下渗入地下，或者把雨水贮存起来。针对在广场和道路上形成的地表径流，可应用植草沟和导流槽等能够起到导流功能的设施统一收集雨水。将下渗后剩余的雨水引入贮存雨水的设施，由此实现雨水的储存。

（二）在雨水贮存方面的应用

贮存雨水的设施包括透水箱、雨水桶和雨水收集模块等，针对建筑密度比较大的区域，收集雨水时可使用预先埋设在地面下方的雨水收集模块。针对建筑密度较低的区域，在收集雨水期间可使用雨水桶达到收集目的。透水箱的贮水装置主要功能包括贮存和收集，不仅可以贮存雨水，而且还能被动集水。

（三）在雨水过滤方面的应用

对路面进行铺设期间，可结合设计需要利用透水混凝土、透水砖、透水沥青等材料进行透水铺装，使雨水在路面渗透更加快速。雨水花园的绿地建设主要通过人工挖掘凹地和天然凹地的方式。在降雨期间，水沿着小区的屋顶和地面可自动汇集，或者人为地把雨水向处在下凹区域的雨水花园中引导，雨水在通过雨水花园中的沙土和植被的过程中会被净化，随后才会渗入地下，进而达到补充地下水的目的。植草沟所处的凹地横截面一般是三角形或梯形，如果将其设计成绿地形式，不仅能够对地表径流进行输送和排放，而且还能为人们提供休闲场地。一般其所处的位置是道路两旁，为减少雨水下渗过程带给路基的影响，一般会在沟底位置铺设盲管和不会透水的水工布，实现保护路基的效果。

（四）在水资源二次利用方面的应用

收集到的雨水具备洗涤和灌溉的作用，可用到植物灌溉方面，也可以用于洗车，或者用于对道路的清洗。除此之外，收集来的雨水还可以应用到水景设计中，可用其作为景观用水和人工喷泉用水，进而使生活环境变得更为优雅和美观。

（五）园林景观绿地表土方面的应用

在提倡建设海绵城市大背景下，园林景观水循环直接受到地表渗透效果的影响。所以，在布设园林绿地表土期间，一定要充分重视其雨水截留能力，还要提升其疏导雨水能力。要想达成这一目标，需要尽可能选择含沙量比较适度，而且团粒结构丰富、配比合理的介质土，保证园林景观海绵体的功能得到最大程度的发挥。

（六）园林景观植物选择方面的应用

结合相关研究显示，如果植物层次较少，或者树冠树叶数量比较稀松，其保存雨水能力便会较差。所以，在选择园林绿化植物期间，要重视植物种类多样性，适当多选择一些树冠浓密的树木，增加地被植物的比例。

三、"海绵城市"理念在城市生态景观中的应用

"海绵城市"理念是解决中国城市生态景观建设功能、模式单一化的最佳

方式，需要人们给予重视和正确认识。由于国内多数城市在街道、公园干道的建设中使用了"硬化铺设"，每当雨季来临，城市只能通过传统排水设施进行排水，如排水泵站及排水管道等。在处理生态景观水问题时使用了"排干排净"的方式，形成了严重的水资源浪费现象。在此，基于此背景，参考国家提出的《海绵城市建设技术指南——低影响开发雨水系统构建（试行）》，结合景观生态学、城市规划学等理论知识，以尊重自然和人文景观为原则，探讨"海绵城市"理念在中国城市未来生态景观中的有效应用。

（一）城市下沉式绿地景观修建

下沉式绿地是指生态景观绿地与周围道路或公园地面铺装之间存在高差的设计，即前者高程低于后者，有利于雨水汇集，同时需要在雨水收集处设计溢流口，其位置既可以设计在下沉式绿地的中间，也可设计在道路与绿地连接处。为增强雨水汇集效果，雨水口高程也需要低于硬化街道或公园铺装的高程。下沉式绿地是"海绵"原理的实现方式之一，它可在雨后汇集城市硬化路面中出现的小流量雨水，并利用植被和土壤汇集吸收雨水，待吸收饱和后，剩余雨水将经雨水口汇集到城市雨水管网中，形成简单、有效的城市雨水蓄排水设施。这一设计常广泛应用于城市街道、停车场、公园等公共场地中。下沉式绿地对于城市景观植物浇灌和减少雨后洪涝灾害均有帮助，既可减少人工灌溉频率，节约了资金投入，又能凸显城市绿地生态的作用及价值。

下沉式绿地有分散式的特点，同时也属于绿色生态可循环的城市景观基础设施，在现有规划绿地的基础上进行全方位的综合整改，节省资源和费用的投入，实现城市生态景观的绿色可持续发展。下沉式绿地在城市景观建设中的应用十分有效地解决了道路硬质铺装导致的雨水下渗难等问题，改善了雨水外排的现象，促进了城市水资源的循环使用。

（二）城市雨水花园营造

在城市生态景观建设中，雨水花园对场地要求单一，且具备生态可循环性，因此应用性较强。从特点来看，其制造成本低、运营管理方便，同时兼具生态美观等多种特性。在城市降雨初期，雨水花园可通过分散式工程措施，对已形成的小面积雨水汇流进行控制与利用，充分发挥土壤和植物的作用，对雨水进行净化和过滤，具备较强的实用性。雨水花园基于绿色基础设施理念构建了适用于解决城市雨水利用问题的网络框架，可帮助城市在建设时合理、统筹规划绿地空间，提高生态效益。

　　雨水花园主要是通过地下水资源回补的方式，为地表水回流地下创造科学的途径，进而提高城市生态循环效率，这亦是雨水花园设计理念的体现。雨水花园可为城市景观用水和植物灌溉提供丰富的净化雨水，有效减少当地政府在城市生态环境维护中的资金和人力投入。

　　雨水花园在我国城市生态景观中的应用时间较短，仍需要大量的成熟设计理念、理论和基础支撑。目前，我国许多一线城市的大型综合体生态景观公园中已成功建设了雨水花园，有效缓解和改善了当地雨洪带来的一系列生态问题，但其作用具有一定的局限性，难以与城市周边生态环境相关联，未实现雨水花园在全市生态环境范围内有效地发挥生态效益。我国许多地区城市的社区、街道、滨河等区域都存在地势复杂的情况，尤其在一些易内涝地区，对雨水花园的需要更加紧迫。综上所述，在雨水花园建设中，要坚持以改善当地人们居住环境为基本目标，以因地制宜为基本原则，最大限度地发挥雨水花园的生态效益。

（三）城市滨水区生态景观的"海绵"再建

　　在城市公共空间中，滨水区的重要性不言而喻，它是自然环境要素和人工要素的结合与体现，也是城市水资源的集中地，只有做好城市滨水区水资源的循环利用工作，才能有效控制城市生态水污染问题。滨水区空间组成较为复杂，既包含着浅滩、湿地及沙洲，也设有凸岸、凹岸和深潭，为沿河生物和植物的生长提供了重要的生存空间。许多生物的迁徙都需要依赖滨水区中连续的竖向景观，这为河岸线建立起了线条感突出的"生命廊道"，滨水区的水际边缘效益是其他空间难以取代的。同时，滨水区对城市热岛效应和小区大气质量均有改善和优化作用，可有效减少城市噪声污染，增加城市生态绿地面积。

　　因此，在城市滨水区设计中，也需要基于地区自然生态情况，结合"海绵"理念，重视城市滨水区水资源利用结构的完善性，在城市滨水区及其周边为蓄水区和水系打造实现互动的空间，以充分的水资源利用提升城市中生态景观的品质。通常城市滨水区湿地蒸发可高于一般水面蒸发的 2～3 倍，滨水区中湿地消耗热量加快了水的蒸发量，使得湿地区域气温低，环境舒适宜人。同时，支撑滨水区河道两岸植物生长的水源主要由河水提供，良好的水循环可改善滨水区及周边的生态小气候。

四、生态城市设计的原则

生态城市设计原则是建设生态城市的导则和原则性要求。根据生态城市创建活动提出的标准和意见，本节提出了以下几项设计原则。

（一）要创造"生"的景象

①城市和建筑设计要体现地域性和历史性，而不是照抄照搬、单一枯燥。

②重视居民多样而富于变化的习俗，而不是千篇一律。

③创造和谐的邻里关系和社区，而不是邻里之间老死不相往来。

④轻轻触碰大地，留下大自然地表和原生地形地貌，而不是用人造景物覆盖大地。

⑤充分考虑微气候特性分区和建筑形态。

⑥营造城市中心区小的生态圈，而不是全都为人造的花盆式景观。

⑦舒适的步行空间和透水路面设计，大地可以呼吸，而不是功能具备但缺乏变化的宽马路、硬铺装不透水路面。

⑧住宅、环境和商业空间混合、协调统一，而不是完全按照功能、用途划分的空间。

⑨创造人和动、植物的生命空间，而不受人为的技术支配。

⑩建立生态系统各个因素整合的城市，而不是与大自然隔离的机械城市。

（二）要保护生物多样性

①在土壤、水体、绿地、道路、围篱等建筑外部环境中创造多样化的生物生存条件，旨在保护生态金字塔中的分解者、生产者和消费者的生存空间，创造生物多样性环境。

②以生态化的埤塘、水池、河岸创造多样化的小生物栖息地，以原生植物，诱鸟、诱蝶植物，植栽物种多样化和有机园艺创造生物共生环境。

③保护自然护岸生态水池，在池岸边用石头堆砌成缓坡，种植多样性的水生植物，丰富水池的生态环境。

（三）要做好绿化规划

①以二氧化碳固定量作为绿化量指标的评估尺度。

②植物种类要多，要选用当地原生物种，考虑其他生物的生存条件，种植诱蝶、诱鸟类植物，吸引蝴蝶和鸟类停留。

③保护和利用表土（1 cm 厚的生态表土要 100 ～ 400 年才能形成）。

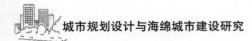

④采用多孔材料边坡、透空围篱。

⑤隐蔽绿地内设置生态小丘（枯木、乱石、空心砖等）。

⑥使用有机肥料。

⑦绿化要大小乔木、灌木和花草密植混种，覆土深度 1 m 以上，每平方米二氧化碳固定量可达 1200 kg，而覆土 30 cm 的草地，仅为 20 kg。

⑧绿地分布均匀、连贯，尽可能连在一起，使微小生物有更大的活动余地。

⑨绿化率在 30% 以上。因为根据调查，绿化率小于 30% 会使人感到焦虑而想离开城市。

（四）要做好基地保水

①行车道、步行道和广场等人工地面尽量采用透水设计。

②采用贮留渗透水池、贮留渗透空地或人工花圃等实现基地透水。

③设计有生态功能的人造雨水贮留设施，把人工湖、庭园水池等做成有缓慢渗透排水功能的贮留水塘，把雨水暂时截留在低凹地面，在基地内自行吸纳后，再慢慢渗入土壤。这样可以起到防洪涝和生态保护的双重功效。

第五章　海绵城市建设的基本方法

　　随着近些年来我国经济的迅猛发展，国内城市的建设形式越来越多样。与此同时，城市所面临的问题也多了起来。例如，城市内涝、水资源紧缺等。为了维持人与自然的关系，提高城市的综合水平，海绵城市渐渐被人们广泛认可和使用，不仅为现代化城市提供了新的发展思路，也成为我国生态文明建设的重要体现。本章分为低影响开发，收集、净化、储存与利用雨污水，构建城市绿廊与水系格局四部分。主要内容包括：低影响开发概述，应用低影响开发的意义，海绵城市建设与低影响开发，城市降雨经流污染与雨水的收集、净化、储存与利用，绿色廊道建设的意义和原则，城市水系格局的构建等方面。

第一节　低影响开发

一、低影响开发概述

（一）低影响开发产生的背景

　　20 世纪初至 70 年代，美国雨洪管理采用的主要是针对降雨带来的水环境点源污染的末端处理方法，这一阶段城市规模和降雨带来的洪涝灾害较小，应对起来相对容易。随着城市的不断发展，城市化导致土地原有下垫面覆被类型及构成剧变，城市地表土壤渗水能力剧烈变动，造成日益严重的城市雨洪灾害。仅依靠末端修补已经不能完全解决城市雨洪问题，于是应对方式开始逐渐转变。

　　1972 年美国国会通过了《清洁水法案》，法案确立了国家污染物排放削减系统，该系统中最突出的一项规定是减少点源污染（污染源来自某个可识别的单体，如工业设施）造成的水污染。1987 年对该法案加以修订，并制订雨水管理计划用以解决非点源污染（与人类活动相关的地表污染物从非特定地点在暴雨径流冲刷下汇集而成的污染，如泥沙、富营养物等）。

20 世纪 80 年代中期，美国马里兰州开始引入"生物滞留"技术管理雨洪。"生物滞留"是一种水质和水量的控制设施，其主要作用体现在利用土壤中的微生物和动、植物以及土壤本身的结构特性进行雨洪的滞留、净化和下渗等一系列物理、化学和生物处理过程。

20 世纪 90 年代初，马里兰州的一家住宅开发商首次使用具有生物滞留特点的"雨水花园"进行住宅区雨水管理。之后，乔治王子郡的环境部门就将"场地设计"与"生物滞留""最佳管理实践"相结合，逐步发展形成了"低影响开发"雨洪管理方法。1999 年，乔治王子郡发布了第一部低影响开发设计指导方法，推动了低影响开发理论的发展。此后，美国又提出绿色基础设施和绿色雨水基础设施（GSI），强调通过多学科交叉融合，采用大尺度生态规划方法构建绿色网络系统，深入探索雨洪管理机制，保证水环境安全，改善城市生态环境。

（二）低影响开发的含义与原则

低影响开发（LID）是在最佳管理实践理论基础上发展而来的，最早由马里兰州乔治王子郡提出。随着低影响开发理论研究不断深入，其理论内涵也得到补充和拓展。不同的研究视角对低影响开发的定义略有不同，但其基本原理可概括为通过小尺度、分散的、低成本的雨洪控制措施进行场地雨污径流处理，利用渗透、蒸散、过滤、储存等生态过程来维持场地开发前后的水文平衡。

低影响开发不仅强调径流的源头处理，同时也重视公众的参与性。通过鼓励公众参与低影响开发的建设来降低政府财政支出，以达到良性的市场循环机制。低影响开发理念的推行对我国水生态环境的改善具有重要作用。

（三）低影响开发理念的国内外理论及实践

1.基于低影响开发理念的国外理论及实践

（1）国外理论研究概述

美国的雨洪管理理论研究在世界上较为领先。在 19 世纪 80 年代，最佳管理实践（BMP）的理念由美国率先提出，其将水分为水量控制、水质净化和可持续发展 3 个阶段来管理，主要包含结构性措施和非结构性措施，用来控制雨水径流量、减少水污染，改善生态环境问题。到 90 年代，低影响开发理念在美国逐渐推行开来。低影响开发是通过小规模的方法从雨水源头分散消纳雨水，运用不同的生态结构技术措施，最终使得开发区域的水文状态最接近开发前的。低影响开发主要是对雨水的径流速度、径流总量、峰值流量、峰值时间等指标进行控制。水敏感城市设计（WSUD）是 20 世纪 90 年代在澳大利亚提出的水治理理念。澳大利亚政府和市民非常珍视水资源，因为这个国家的水资源储量较为短缺。澳大利亚研究人员利约德（Llyod S .D .）在 2002 年发表的《城市雨水管理方案的规划与建设》一文中，详细介绍了水敏感城市理论，将此种水管理理念和技术措施融入城市规划和设计中。通过对城市的系统规划和城市发展建设过程中对生态基础设施的设计，将城市中的水循环过程进行总体整合，在设计时综合考虑径流的水量、水质、景观潜力和生态价值等，进而对水资源进行管理。水敏感城市性设计系统摒弃以往以排为主的治水理念，致力于水的良性循环、水的可持续利用理念。不同于上述美国的两种治水理念，水敏感城市设计着重对水进行区别化治理，同时将河道健康、污水处理及生态平衡纳入城市水循环，根据城市雨洪管理不同阶段的水环境问题和相应要求，对城市建筑、公共空间、道路、景观和生态雨水设施进行有机结合和整体设计，对雨水、污水、饮用水和其他水资源实行整体综合管理，以确保雨水管理措施在城市开发各环节的顺利实施。

日本是一个海岛城市，淡水资源短缺，但降雨丰富，城市内涝现象非常严重。经过多年的研究，在 20 世纪 80 年代，日本开始推行雨水贮留渗透计划，以利用各种设施对雨水进行收集储存、净化利用为特色，将收集而来的水用于洗车、冲厕、绿植灌溉等。在日本住宅区建筑的屋顶上"空中花园"非常多见，这样既可以给城市增加大面积的绿色草地，又能将雨水收集利用，增加雨水的利用率。绿色植被的增加降低了城市的热岛效应，美化了居住区的环境，让住宅更加宜居。在城市中，设计师大量使用透水性铺装材料来蓄滞雨水，增加雨水下渗，补充地下水资源。与此同时，植草沟、蓄水池、池塘等雨水储存、净化措施也逐渐在居住区中得到推广。设计师构思精巧，凡是可以为海绵城市型技术措施利用的区域都会加以使用。可持续性排水系统（SUDS）是在 20 世纪 90 年代，由英国提出的水管理的治理理念。SUDS 舍弃了以往粗犷的"排"的理念，致力于建立绿色水处理系统。其强调在雨水源头处着手，运用自然的手法使雨水下渗，运用植被、微生物等将污染物过滤，干旱缺水时将储存的雨水再缓慢释放出来。具体的技术措施包括但不限于植草沟、可渗透性道路、绿色屋顶、过滤式沉淀槽、滞留池、储水池、池塘和地下储水池等设施，这些措施可以有效阻滞雨水外流，增强对雨水的储存渗透，补充地下水源。把过去依靠终端排放的主要处理方式转变为以"水循环"为核心的管理模式，在规划、设计和建设过程中考虑生态、环境和社会因素，优化区域水系环境，提高城市水循环的整体水平。在大多数情况下，可持续排水系统的成本并不高，成本效益却很高。国外对低影响开发技术的研究大多数是针对各类措施的作用与效果。

例如，在 2006 年，德雷林（Dreelin）等人的研究发现，普通沥青路面比透水路面所产生的径流要多 93%。2008 年，柯林斯（Collins）等人的研究结果表明，透水混凝土路面截留的降雨量可达 6 mm。在 2011 年，德布斯克（Debusk）等人通过实地调查研究，结果发现生物滞留可以使地表径流量减少 97% ～ 99%。

从以上研究我们可以得出，美国、澳大利亚、日本和德国是海绵城市理念发展较为领先的国家，这些国家将其理念切实地用到了自己国家的项目实践中并取得了不错的效果。相关领域的专家对一些低影响开发措施的作用与效果也进行了详细的探索和实验。这些研究结论为本书提供了有力的理论支持，对相关项目的研究探索也为我们接下来的实践提供了基础。

（2）国外实践探索概述

①美国西雅图。High Point（高点）社区是低影响开发应用的一个成功案例，它位于美国西雅图的混合住宅区，占地面积大概为 49 公顷。该社区内有 1600 多栋独立房屋，人口密度比较大。低影响开发设计包括设置不透水地铺、屋顶排水系统、绿植、浅沟渠和储水罐，还与自然开放排水系统 NDS（自然排水系统）相结合，这使得人口密度较大的城市居住区的生活空间通过大面积绿地、舒适的步行系统在水质改善和雨水利用方面达到了均衡。针对当地人口多、空间狭小的特点，设计者制作了一个创新的自然排水系统用于处理社区的雨水。这种完善的自然露天排水系统相比传统隐藏式的灰色管网排水系统，更加经济实用。该系统主要是将雨水管理系统与私人住宅的雨水排放管理相结合，它限制不透水铺面的面积，并对屋顶雨水排放的要求以及雨水排放点的管理进行了规定。这些规定对象包括雨水花园、植被浅沟、储水箱以及由 34 个社区的水块组成的多功能开放空间。在满足车流、人流的前提下缩减道路的宽度和长度，大大增加了公共草坪区域的面积，并将步行道与雨水收集系统结合起来。在对该小区规划重新修建时，尽可能地运用低影响开发技术，在已有的排水设施和生态环境上，严格控制透水铺装、植草沟等收集、渗透雨水的设施，对设计方案进行反复深化，争取做到不浪费一处可以消解雨水的区域。

街道采用渗透性能很好的透水铺装，可以促使雨水在源头消纳吸收。多余的雨水进入植草沟、雨水花园等海绵化技术措施中，进行储存、下渗以及过滤，其中 30% 的污染物在这个过程中被植物、微生物吸收、分解。

除了建筑物屋顶的地面和排水设计外，设计师还根据每个居住地点的面积、实际条件和屋主的审美需求等多种因素选择多种屋顶排水方法，以尽可能满足有区别的居住需求。运用美学设计的理念，将排水屋顶设计的既美观，又能将雨水快速排入浅沟或公共雨水排水系统。就植被洼地中的浅沟渠而言，居住区采用分散化设计，每条浅草沟都是一个完整的排水系统，可以收集街道透水铺装和屋顶等区域汇集的雨水，将雨水过滤之后传入市政管道排水系统。设计师所设计的诸多蓄水池，可以短期储存经过过滤净化后的水资源。该住宅区经过一系列低影响开发措施改造之后，能够应对 24 h 暴雨，地表径流量减少了99%。

②德国柏林波茨坦广场。德国柏林的波茨坦广场在建设之初只是一个街道十字路口。后来此处建造了火车站，人流量逐渐增多，慢慢变成了一个喧闹的市区。

设计师将广场内适合绿地建设的建筑屋顶全部建成"绿色屋顶"，使其起到防洪和阻留雨水的作用；通过机械过滤设施和生物净化社区进行绿色净化，使空气湿度增加；加强对雨水的净化、蒸发，起到改善小气候的作用。对于不适宜绿地建设的屋面或"绿色屋顶"不能消化的剩余雨水，通过具有一定过滤功能的雨水专用渗漏管进行处理。雨水经初步过滤沉淀后，一部分通过地下控制室的水泵和过滤器冲洗洗手间，以及进行一些植物的灌溉；另一部分则汇入周边池塘等水系。对雨水进行过滤、净化，形成一个雨水循环系统。波茨坦广场的水景观由喷泉景观、人工湖景观和阶梯式水景观三部分组成。为了适应地形，设计师设计了一座面积约 13000 m² 的梯级地下水库。水体的下游连接到泵站，形成一个闭合的循环系统，这项措施对该区域雨水的收集和储存起着关键作用。

在柏林常见的路边排水沟，如图 5-1 所示，其对防止城市内涝和维护局部生态平衡也有非常好的效果。水流顺势从高处流向低处，这种设置方法难度低、效果好、成本低，不仅可以收集雨水，而且还可以使自然清脆的流水声进入城市，伴随人们学习和工作，一举两得。各个渠道收集的各个区域的雨水经过过滤净化之后，用于生活用水、植物浇灌等。同时，为了使水质达到标准，可以使用工程过滤技术去除夏季水中常生的藻类。排水沟还能对降雨引起的短期积水起到一定的缓冲作用，保证了水质的同时，也节省建筑物的净用水量。

图 5-1　排水蓄水明沟

　　从设计的角度来看，波茨坦广场的景观是独一无二的，是有价值的城市用水敏感型景观设计。波茨坦广场在面对强降雨时，其储水系统需要具备足够容量以储存雨水。储水系统的设计优势关键在两方面，一方面，修建广场时提前在广场下埋藏了 5 个储水箱，箱体可储存 2600 m³ 的水，其中 900 m³ 的空间用于储蓄紧急大雨的降水。第二方面，在主水面的正常水位上方保留了 15 cm 深的水，这提供了 1300 m³ 的盈余储水量，大大增强了广场雨水系统对强降雨的应变能力。其中，主水面上层通过植物、微生物等生物化学技术措施净化后，提供给人们作为中水使用。地下总储水罐还配有自动水质监测系统，当水位因蒸发而下降时，该系统将对储水箱中的水进行补充。波茨坦广场的海绵化设计取得了非常显著的生态保护效果，它的实施为城市海绵化设计提供了很好的样板。

　　2.基于低影响开发理念的国内理论及实践

　　（1）国内理论研究概述

　　与国外相比，我国对城市雨水控制与利用系统的研究和应用起步较晚。在提出"海绵城市"概念之前，中国的防洪排污主要依靠管道、泵站排污和污水处理站进行终端处理，这是典型的快速排水。中国的排水系统建设严重落后于城市化进程。为了解决由城市化进程引起的一系列水处理问题，国内专家学者开始分析和总结国外提出的一系列雨水管理理论和实践，以借鉴国外的成功经验，并为中国城市雨水利用和可持续发展提供参考，"海绵城市"的概念应运而生。在国内，哈佛大学设计学博士、北京大学俞孔坚教授的著作《城市景观之路：与市长们交流》中，首次提出了"海绵"概念，用于描述自然湿地、河流等对城市水资源的调节功能。俞孔坚教授用海绵这一恰当的形象来做比喻，主张利用一些自然的生态化手段和措施来解决各个地区的水问题，将其纳入城市规划体系，并与景观措施相结合，实现对雨水的控制和利用，从而提高城市应对和适应雨水的能力。俞孔坚教授在城市河流以及海绵水景观方面的学术研究一直位居全国前列，在他的《"海绵城市"理论与实践》《海绵城市的三大关键策略：消纳、减速与适应》等文章中，从基础上完美诠释了海绵城市的理念，并以贵州六盘水明湖湿地公园、哈尔滨群力雨洪公园和金华燕尾洲公园为例，详细分析了"海绵城市"理论的内涵、发展历程，提出了具体的城市海绵化的技术措施。他指出对雨水进行减速、消解及洪涝适应的处理手法，跨尺度建设以景观为载体的水生态基础设施，对海绵城市在城市水体景观和河道设计的建造方面提供了新的思路与方向。中国住房和城乡建设部前副部长仇保兴在《海绵城市（LID）的内涵、途径与展望》中指出，根据现场实际情况，将城市既有道路、水系、园林绿化以及商业区、住宅区等结合起来通盘考虑，运用低影响开发技术来解决城市雨水的问题。仇保兴认为，海绵城市的内涵是城市管理者和建设者改变排水防涝的思路，为解决城镇化发展带来的环境、资源、污染等问题，而建设的一个能够灵活适应环境、解决自然灾害、保持城市发展前后生态环境不变的城市。运用海绵城市技术，采用保护和修复微生态、建筑雨水利用与中水回收等措施，逐渐对城市进行海绵化改造。

北京建筑大学城市雨水系统与水环境教育部重点实验室教授车伍等人在《海绵城市建设指南解读之基本概念与综合目标》中详细阐述了海绵城市的基本概念和内涵、低影响开发技术与海绵城市建设的关系，以及城市海绵化在实施过程中的具体目标及相关目标之间的关系。他指出，排水和防涝并不是海绵城市的唯一目标，海绵城市的技术构造措施不能完全替代灰色基础设施。在他的《海绵城市建设热潮下的冷思考》一文中，车伍教授提出了目前在全国各个城市海绵化的建设过程中存在的疑惑和误区，并结合城市绿地空间条件、基础设施特点和现场施工条件，指出了一些建设过程中需要注意的关键环节。

近年来，国内学者同时也对海绵社区的建造理论及实践进行了大量研究。研究主要集中在水资源的循环利用和社区绿化设计的转变上，通过对居住区内的蓄水、排水系统进行通盘考虑与设计，以及在居住区内设置若干种类型的海绵化措施，来实现城市居住区的海绵化。李海燕、车伍等人的《北京城市住区雨水利用适用技术选择》文章中，针对北京城市住区的特点，列举了城市住区雨水利用的主要技术措施，提出了居住区雨水利用的原则和居住区的适用性雨水利用模式。

景天奕在他的论文中归纳了国外水治理的研究进展和实践，分析了国外先进的雨水管理理念、技术措施和技术规范，从政策、管理和技术3个方面总结了我国城市居住区雨水系统规划的现状和问题。他的文章中还以南京某住宅小区为案例，详细分析了该住宅区海绵化的设计方案与技术措施。赵芳通过住宅小区生态沟渠控制雨水径流实验表明，土壤渗透性十分重要，高渗透性的土壤介质可以增加雨水截留量。她还通过对绿色屋顶、浅草沟、雨水花园、透水人行道、景观水体多功能储水箱、绿色建筑、低影响雨水等低影响开发技术的研究，得出居住区低影响雨水收集利用技术的方法。低影响开发技术最大限度地减少了城市建设对周围环境生态的影响，同时可以顾及社区景观。在这种条件下，实现控制雨水径流峰值、降低水污染的目标，运用可持续的思维对雨水进行管理。根据国内学者的研究可以证明，我国海绵城市建设的研究在某些方面已取得初步成果，同时，也存在研究基础不足，项目建造完成后评价标准单一、评估困难等问题。

（2）国内实践探索概述

①深圳市光明新区低影响开发雨水系统建设项目。深圳光明新区近几年一直在进行大规模开发建设。其开发建设采用了低影响的发展模式。该地区从不同的单元逐渐开发，总共划分22个单元，每个单元的土地面积在30～50公顷。为了使开发单位的建设项目使用低影响的开发技术和设施，以确保该地区实现低影响的发展，该地区运用下沉式绿地率、绿色屋顶率、透水铺装率这3个低影响开发控制指标来指导工作。深圳市光明新区共建设23条门户区市政道路，全长17 km。根据低影响的发展理念，项目设计制定了雨水综合利用措施，并优先将道路红线内的雨水收集到两旁的生物滞留区进行渗滤与滞留处理，并补充径流雨水以进行利用。径流污染的控制和纵向流量的减少起到水文和生态恢复的作用。运河的综合设计重复周期标准已从两年提高到四年。该设施的规模相当于设计降水28 mm，年径流量控制率可达70%。雨水系统的低影响开发不会改变传统设计中的雨水管排水系统，而仅在雨水排入雨水管排水系统之前控制预期的流量和径流污染。

②江苏镇江华润新村小区。华润新村是一个老旧的社区，已有20多年的

建造使用历史。改造前，社区的道路和设施陈旧，植物绿色茂密，给居民的生活造成不便。根据该小区的状况，设计师设计建立了社区完整的雨水收集系统、开放空间系统和慢行交通系统。改造后的社区将雨水收集的自然生态过程与社区的日常使用相结合，生动地展现了人与环境和谐共存的景象，实现了低影响开发与生活环境的有机融合，是典型的生态绿色型居住社区。

构建雨水收集系统。采用生态设计的理念设计雨水收集系统，使屋面雨水通过溢流口汇集后流入下水管道，雨水花园中心的绿水系统通过地下水管道引入。利用市政雨水管降低了基本管网的排水压力，解决了社区内的涝灾。同时通过雨水花园的净化来保证水质。路边浅草沟结合盲管的设计引导道路雨水收集，屋顶雨水出口设计有石凳式、石砌式和石笼式三种类型的雨水出口，在减轻雨水侵蚀的同时具有良好的景观效果。屋顶雨水分流和溢流设计有盲管和人行道两种分流通道，还设计了雨水篦子和 U 形溢流两种形式，使雨水分流过程变得更加丰富。透水铺装地面及下沉式绿景实景图如图 5-2 所示。

图 5-2　透水铺装地面和下沉式绿实景图

梳理交通系统。除了原始的内部机动车道外，还添加了环形健身道，将慢跑系统连接到功能区域和房屋之间的绿色空间，以创建各种休闲体验，如慢跑、散步。路铺具有良好的透水性，以免雨水积聚；沿途设置的雨水收集设施可以缓解降雨和洪水压力。为了解决小区集中式停车位受到的发展限制，采用灵活的停车位作为解决方案。电动车道和停车位应合理安排在绿地边缘和道路两侧，以减少交通流量，同时增加 281 个分散的停车位以满足停车需求，如图 5-3 所示。

图 5-3　机动车道现状图（左）和效果图（右）

完善活动空间系统。建设包括儿童活动空间、老年活动空间、运动空间在内的开放空间体系，满足不同人群的休闲活动需求；增设休闲空间的座椅、灯具、解说牌等，为休闲宜居提供基础。活动空间铺设透水路面，避免雨水积聚。

（四）低影响开发的场地应用

场地在进行低影响开发建设时需要考虑土壤与场地、植物与场地以及水与场地三种主要影响因素。

1. 土壤与场地

场地在进行低影响开发前需对土壤进行分析，通过了解土壤的渗透能力来考虑场地设施的布置。比如，将场地中透水性较差的区域用于建设房屋等不透水设施，将场地渗透能力好的区域用于低影响开发设施的建造，这样就能减少场地不必要的施工过程。

美国农业部按土壤的质地不同将土壤分为粉土、砂土、黏土以及三者共同组成的黏土。按渗透能力来分，砂土最佳，黏土最差，粉土介于两者之间。因此，在进行低影响开发设施建造时应选择渗透性较好的砂土，如果场地渗透性能较差，可采取局部土壤改良的方式增加渗透能力。一些小型的径流处理设施（雨水花园等）无须进行复杂的土壤结构钻探，通过简单的土壤渗透性实验就能了解场地是否适宜建设。

在开工前需了解土壤渗透能力，在土壤较为疏松的地点设置禁止碾压区；在施工过程中安装防侵蚀与沉积装置，防止降雨对挖掘场地的冲刷；在施工完成后，使用土壤改良剂增加土壤的渗透性，在植物种植区进行施肥养护，定期清理场地内的垃圾，防止其堵塞土壤空隙。

2. 植物与场地

植物是低影响开发设施中重要的生物处理设施，创建稳定的植物群落结构能更好地发挥出低影响开发系统的处理能力。低影响开发中最核心的原则是保护和优化现存的兼生性湿地植物景观群落。施工时，应当对场地中现存的植物进行保护，对于水陆交界区域的兼生性植物群落要重点加以保护。施工结束后对表层土撒播草籽加以维护，防止土壤的侵蚀。构建新的植物群落景观时，应当选择便于养护的本地植物，非本地植物在使用时可作局部点缀，以提升整体景观性，但不宜大面积使用。

3.水与场地

雨水径流是低影响开发设施首要处理的问题。在低影响开发设施建设前应当了解场地的水文特征，包括区域年均降雨量、降雨量的季节分配、雨水径流路径、汇水区域等。针对径流情况设计低影响开发设施的类型、大小和位置。了解场地水文情况对设计雨水径流管理措施十分重要。

（五）低影响开发技术体系概述

低影响开发技术体系与BMPs技术体系有很大的关联性，是对BMPs技术体系的补充和深化。低影响开发内容按照技术分类主要包括保护性设计、渗透技术、径流调蓄技术、过滤技术、径流传输技术和低影响性景观六大类。按照使用功能可分为流量控制设施、雨洪接收设施、过滤收集设施和渗透处理设施四种类型。在具体使用时可选择一种或多种设施结合进行场地径流处理。

二、应用低影响开发的意义

近些年，随着城市化建设的快速推进，传统粗放型的城市建设开发模式导致城市中原有的河流、湿地、湖泊等水文生态环境遭受到不同程度的破坏。低影响开发技术的应用可以通过采用生态植草沟、透水路面、下凹式绿地等方式帮助降水有效下渗，使径流的排放量降低到40%以下，达到积蓄和利用降水资源的目的。

（一）低影响开发有利于减轻城市灰色基础设施的负荷

地下的市政雨水管网是城市排水的主要途径，屋顶的雨槽、3%倾斜度的路面帮助雨水进入市政雨水管网，最后排出城市。城市在大刀阔斧改革之前，其排水情况是：降水的40%被蒸发；50%入渗到地下土壤以补充地下水资源；10%进入河流。然而，城市化的快速发展，造成土壤覆盖形式的变化，渗入地下土壤的降水减少到5%，高达55%的降水汇入市政雨水管网后排出城市。

事实上，城市化过程中的土壤不透水性导致了地下土壤雨水吸收、储存功能的丧失，最终引发城市内涝。引发城市内涝的另一个主要原因是城市化发展进程中，忽视和填埋原有的城市河渠和冲沟。低影响开发设施的应用旨在通过科学的方法完善城市生态雨洪管理系统，实现雨水汇、流的吸纳和慢排，以减轻城市灰色基础设施的排水负荷。采用低影响开发，综合利用与城市灰色基础设施相耦合的一系列设施，实现从场地集雨源头上综合雨水管控，在满足城市地表建设硬度要求的同时，减轻灰色基础设施的负荷，极大地缓解了城市内涝。

（二）低影响开发有助于补给城市地下水资源

地下水补给的重要来源包括大气降水和地表水的下渗，而大气降水是地下水资源的最主要补给。研究表明，降水的下渗是在分子力、毛管力和重力等综合因素的共同影响下产生的，而大气降水的入渗率又受到土壤条件的影响。当今城市土地覆盖的变化破坏了原有的水文循环模式，最终导致雨水资源的流失和地下水资源的匮乏。专家指出，地下水补给区不透水面积每增加 1 km²，地下水渗入减少 25 万 m³，与此同时，地表径流增加 45.73 万 m³。低影响开发是生态城市建设和规划的重要手段，不透水路面的铺装取代了硬化地面形式的公路建设。这种生态改造方式，帮助城市地下水逐步回升，使土地保持蓄水的本能，减少雨水资源的流失。重建土壤的"海绵效应"过程，直接帮助城市地下水得到有效补给，减少城市干旱和洪涝等生态问题。所以，加强低影响开发设施建设，构建城市的雨水管理系统，放慢地表径流速度，延长长径流时间，提升透水地面吸收、储蓄雨水的功能，是补给城市地下水资源的重要途径。

（三）低影响开发有益于雨水资源的可持续利用

城市地表覆盖形式的变化，造成雨水资源的快速流失。当前水资源的主要矛盾，已成为城市居民日益增长的水资源利用需求和城市水资源流失之间的矛盾。雨水资源可持续利用，必将成为解决水资源矛盾的重要举措，同时也将成为我国生态文明建设规划的发展趋势。低影响开发通过建设植草沟、人工湿地等方式构建城市雨水利用的生态系统。雨水的有效循环可以用于居民生活、公共场所或工厂的非饮用水，如冲厕所、绿植灌溉及景观水体用水等，实现雨水资源的最大化利用。低影响开发综合考虑雨水径流路径，从源头有效管控雨水排放，通过过滤、沉淀、净化和储存等一系列措施，将其再用于生活、生产和景观用水，实现其循环利用。

可见，低影响开发是实现雨水资源可持续利用和管理的重要方式。城市的生态环境受到破坏之后，便会出现内涝、水资源流失、水生态环境恶化、水环境污染等一系列问题。

因此,可持续发展的保护水生态环境措施势在必行,原有的开发形式和建设理念必须转变。低影响开发是海绵城市建设的主要手段,也是改善当前城市水生态环境现状的主要方式,更是生态文明城市可持续发展的重要举措。低影响开发的应用以生态文明建设为指针,有利于城乡绿地的合理布局,有利于完善基础设施,有利于改善居住环境。与此同时,更有利于协调经济、社会、生态环境、生态安全与城市化进展之间的相互关系,对建立可持续性发展的生态文明社会具有重要的理论和实践意义。

(四)低影响开发有益于面源污染的有效控制

面源污染是指以"面流"的形式向水环境排放污染物的污染源,是破坏水环境的主要元凶之一。它们在降水和地表径流的冲刷过程中,使存在于大气和地表的氮、磷等污染物以"面流"的形式进入水环境中,从而造成水体环境不同程度的污染。通过运用低影响开发技术,建设生态基础设施,增加城市绿地面积,搭建下沉式绿地,使城市中的面源污染物随着地表径流进入下沉式绿地当中,既有效减少城市的地表径流量,降低面源污染,又可以将地表径流当中的氮、磷等污染物转化为绿地中植物所需的"化肥"。

由此,下沉式绿地成为城市面源污染控制的有效措施,其主要的控制方式不仅做到了源头阻断,更做到了过程净化,实现了面源污染物的合理利用和资源转化。低影响开发的运用,一种方式是在面源污染的各个源头采取有效措施将污染物进行截留处理,防止污染物随着雨水径流进入水系,污染水环境。这些措施主要是通过减小水流速度和延长水流时间来减轻地表径流进入水体的面源污染负荷。在城市绿地、城市道路等不同源头的截留技术可以采用下沉式绿地、透水铺装、植被缓冲带、生态植草沟等低影响开发技术。另一种方式是采取过程阻断控制面源污染。海绵城市的建设要求就是通过建设草地、草沟、海绵公园、下沉式绿地以及各类雨水处理池、雨水沉淀池、植被截污处理带等低影响开发措施,将城市雨水中的悬浮物、耗氧物质、营养物质等多种污染物质进行截留处理。这其中,有属于植物生长所需要的氮、磷等营养物,可以作为城市绿地所需要的肥料。另外一些油脂类、有毒物质则可以随着城市地下管道进入污水处理厂进行处理。

三、海绵城市建设与低影响开发

低影响开发在我国发布的技术指南、政策文件中多有提及,在海绵城市建设中占有重要地位,甚至在一些文献中被等同于域外的低影响开发。根据我国海绵城市建设的重要承建团队——北京建筑大学城市雨水系统与水环境省部共建教育部重点实验室的车伍教授、李俊奇教授、王文亮老师等针对低影响开发发表的论文、建立的实验室门户网站中对于低影响开发和海绵城市建设的解读及其在多次年会上的发言，同时结合我国住房和城乡建设部、水利部等官方网站中的信息以及其他学者对于海绵城市与低影响开发的认识，在整理与深入理解之后，得出这样的结论：我国的低影响开发分为广义和狭义之分，低影响开发理念并不等同于低影响开发。

狭义的低影响开发指在中小降雨量的前提下，源头采用尺度较小的分散式措施以维持开发前后的水文特征基本不变的工程措施。而广义的低影响开发如今在我国海绵城市建设中应用较广，是结合我国国情把低影响开发当作一个系统，包含低影响开发理念、低影响开发在城市建设各个阶段的实施等，并非局限于治理中小型降水带来的水问题。

究其原因，可以用一句话概括："因地制宜"。我国虽然地大物博，但大部分城市人口相对密集，对于城市用地的需求较大、开发的程度较大。如果仅采用分散式源头削减措施远远不能满足现实需要，因而对于低影响开发进行了"本土化"的重构。

低影响开发在 2007 年被正式引入中国后，起初的研究建立在过多的借鉴国外，尤其是美国经验的基础上。随着海绵城市概念的提出，结合了低影响开发的学界研究与政策法规纷至沓来，国内开始重视起学习和借鉴发达国家在雨水综合利用方面的先进经验。如何充分结合我国的国情、地形地貌特征、气候降水等实际情况将其内化成为适合我国海绵城市建设的方式是目前海绵城市建设中应当进一步解决的问题。

四、低影响开发设施组合系统优化

低影响开发设施的选择应结合不同区域水文地质、水资源等特点和建筑密度、绿地率及土地利用布局等条件，根据城市总规划、专项规划及详规明确的控制目标，结合汇水区特征和设施的主要功能、经济性、适用性、景观效果等因素选择效益最优的单项设施及其组合系统。组合系统的优化应遵循以下原则[①]：

①组合系统中各设施的适用性应符合场地土壤渗透性、地下水位、地形等特点。在土壤渗透性能差、地下水位高、地形较陡的地区，选用渗透设施时应

---

① 郭文献,刘武艺,王鸿翔,等.城市雨洪资源生态学管理研究与应用[M].北京:中国水利水电出版社,2015.

进行必要的技术处理，防止塌陷、地下水污染等次生灾害的发生。②组合系统中各设施的主要功能应与规划控制目标相对应。缺水地区以雨水资源化利用为主要目标时，可优先选用以雨水集蓄利用为主要功能的雨水储存设施；内涝风险严重的地区以径流峰值控制为主要目标时，可优先选用峰值削减效果较优的雨水储存和调节等技术；水资源较丰富的地区以径流污染控制和径流峰值控制为主要目标时，可优先选用雨水净化和峰值削减功能较优的雨水截污净化、渗透和调节等技术。③在满足控制目标的前提下，组合系统中各设施的总投资成本宜最低，同时还要综合考虑设施的环境效益和社会效益，如当场地条件允许时，应优先选用成本较低且景观效果较优的设施。

第二节 收集、净化、储存与利用雨污水

一、城市降雨径流污染

（一）城市降雨径流污染的产生原因与危害

城市降雨径流污染，是指在降雨的淋洗和冲刷作用下，雨水径流裹挟着城市大气中和地表上积存的污染物，经由排水系统收集、输送和处理，通过多种迁移、汇集和排放方式，最终进入受纳水体而造成的水污染。它是一种较为复杂的城市水体污染形式。一方面，由于污染是"分散产生"的，也常被称为城市面源污染、城市非点源污染等；另一方面，大部分污染物是经由排水系统进入水体的，因此又呈现出一定的"集中排放"特征。快速的城市化进程是城市降雨径流污染产生的根本原因[1]。

径流中的各类污染物最终进入城市水体后会造成严重的城市面源污染。城市降雨径流污染物成分复杂、来源广泛，既有降水从空气中裹挟出的污染物（重工业区和大气 PM 2.5 值较高的城市中这一现象特别显著），又有城市地面上的污染物（包括生活垃圾、城建渣物、包装材料、动物粪便等固体废物，大气干沉降物质，农药肥料以及机动车排放的尾气等）。综合考虑各种污染物的消除过程及其对环境的影响等多方面因素，降雨径流对城市水体的危害可归纳为以下 5 个方面。

---

[1] 曾思育，董欣，刘毅著.城市降雨径流污染控制技术 [M].北京：中国建筑工业出版社，2016.

（1）营养物质输入与富营养化风险

营养物质主要是指生物所需的氮素化合物、磷素化合物和其他一些有机物质。当大量的营养物质输入流速缓慢、滞留时间长的城市水体后，藻类等水生浮游植物在光照、气温适宜的条件下迅速繁殖，使水体溶解氧量大幅度下降，导致鱼类或其他生物因缺氧而大批死亡，大大降低了城市水体的美观性。

（2）悬浮固体负荷增加

固体悬浮物是主要的城市降雨径流污染物之一。研究表明，城市径流中悬浮固体的粒径为 5～10 nm。即使对降雨径流进行吸滤处理，这些固体悬浮颗粒也很难被滤出，而附着在悬浮颗粒上的其他污染物也无法被去除，进而使城市水体水质情况恶化。

（3）微生物的潜在威胁

在地表径流中细菌和病毒十分罕见，给人体健康带来潜在威胁。我国城市径流常见的病原体包括沙门氏菌、绿脓杆菌、志贺氏菌属、肠道病毒等。这些微生物主要来源于城市土壤、工业废水、生活污水和牲畜的排泄物等。

（4）有机物降解导致水体缺氧

城市径流中包含大量的有机物质，例如，生活垃圾、工业废水以及动物排泄物等。这些有机物在降解过程中消耗大量的氧气，如果水体中溶氧不足，则会导致水体中还原性毒物不断积累，同时还会引起病原微生物的大量繁殖，使得水体极易发黑发臭，水中的鱼、虾、藻类等水生生物也会受到严重威胁。

（5）有毒污染物恶化城市水体水质

城市雨水径流中通常含有一定量的毒性重金属及有机物，其来源包括交通排放、大气沉降、工业生产等。含铅涂料油漆是城市降雨径流中 Pb 的主要来源，屋面材料和轮胎破损是城市降雨径流中 Zn 的主要来源，草地、菜地等施用的农药、机动车辆排放的废气以及大气的干湿沉降是多氯联苯和多环芳烃的主要来源。

（二）城市降雨径流污染的来源与特征

城市降雨径流污染物来源广泛、成分复杂，其主要由城市化程度、下垫面类型、空气污染程度和人类活动等因素决定。城市降雨径流污染物的来源大致可分为 3 个方面：自然降雨、城市地表和城市排水系统。

具体而言，可分为以下 6 个方面：大气沉降、交通、住宅和商业区、施工区、休闲娱乐区和底泥的二次污染。城市降雨径流污染过程复杂而多变，它既不同于污水处理厂和工业企业等典型点源污染，又区别于农村的径流污染，其产生与排放特征如下。

1. 污染负荷的时空差异性

受降雨过程的影响，城市地表径流中的污染负荷随时间的变化规律非常明显，具有显著的时间尺度特征。由于降雨具有随机性，城市地表径流中污染负荷的稳定性不高[①]。

2. 产生过程的随机性和不确定性

影响城市降雨径流污染的诸多因素均具有不确定性。例如，在地表污染物淋洗和冲刷过程中，降雨特征、大气污染状况、地表清扫情况、下水道状况等重要变量均存在随机性和不确定性。

3. 排放方式的复杂多变性

在雨季内，降雨径流污染物的排放特征是：晴天时污染物在城市地表累积，降雨时通过冲刷进入径流，经由排水系统汇流、运输、处理后进入城市水体；在短期（单场降雨）内，降雨径流的污染过程因降雨特征的不同而呈现出一定的随机性。

二、雨水的收集

（一）海绵城市雨水收集施工内容

出于成本和环境保护的考虑，海绵城市雨水收集工程运用了低影响开发技术对雨水进行收集，项目施工关键内容为透水铺装。对于铺设材料的选择来说，透水铺装材料主要可以分为透水砖铺装以及透水沥青混凝土铺装两种。施工流程为：通过管道疏通将雨水集中→对雨水径流污染源进行控制→通过铺设材料进行雨水渗流→雨水集中处理和利用。在雨水收集和净化处理过程中，出于对生态环境保护和节约成本的考虑，运用地形环境和原生态灌木林，实现对雨水的收集以及搜集。

对于海绵城市雨水搜集来说，安装透水铺装是项目施工的关键环节，主要以新材料和传统材料进行透水铺装，达到提高孔隙率的目的。再者可以综合运用不同铺装材料进行雨水的收集和净化。对透水铺装材料和施工程序的研究，可以有效提高公园建设中雨水收集系统的利用率。施工的关键和重点环节是增强透水铺装的有效率。

[①] 曾思育，董欣，刘毅著.城市降雨径流污染控制技术 [M].北京：中国建筑工业出版社，2016.

（二）提高雨水收集系统关键技术

雨水收集系统工序较为复杂，各个项目施工的工序都会影响雨水收集系统的质量。本书立足于生态环境现状，对雨水收集系统的关键工艺进行了研究，以有效增强海绵城市雨水收集系统质量。

1. 可渗透路面控制措施

可渗透路面要发挥地形的优势，将雨水疏通到指定位置进行净化。此项目立足于 Revit 系列软件建模，对可渗透路面的坡度、地形的构造进行研究，使得可渗透路面在发挥雨水收集功能的同时，能够与周围的环境彼此兼容，在增强可渗透路面植物净化功能的同时，营造出生态宜居的自然景观。

在海绵城市的建设中，需要对原始生态系统的保护、生态系统的修复等诸多方面进行考虑。可渗透路面需要对以下因素进行考虑：受到重力势能的影响，相同体积的雨水从坡度越陡的地方降落，其水流的速度也越快。为了最大化提高降雨在可渗透路面中渗流和净化的时间，在对可渗透路面进行建设过程中，需要确保路面的坡度尽量缓一些，以增强可渗透路面雨水收集和净化效果。在对斜坡进行施工过程中，可将斜坡设计为阶梯式结构，使雨水和地表的接触面积变大，同时也能有效改善可渗透路面的生态环境。对于地形平缓的区域，在雨水径流方向保持相对稳定的前提下，施工人员可以在雨水汇集处对可渗透路面进行设计。而对于施工地形错综复杂的区域，可通过对原始径流交汇点的运用，对雨水进行分散疏通，提高雨水收集系统设计功能。

2. 透水铺装控制措施

（1）原材料控制措施

为增强雨水收集系统的设计合理性，在项目施工中对原材料质量进行把控，以提高项目施工的质量。透水铺装路面需要按照以下流程进行监控：对原材料进行合理的配置，按照项目施工的经验，最终确定水、水泥、胶结剂和碎石比例为 113 ∶ 310 ∶ 100 ∶ 1520。为增强铺装结构的透水性，在透水铺装过程中需要在透水基层铺设垫层。可以运用级配碎石作为基层材料，增强其渗水性。

（2）透水铺装材料制作

透水铺装材料可采用机器进行搅拌，根据物料比例和投料的次序，将物料投放到搅拌机器中。在此项目施工中运用了 3 次投料法，具体投料的程序和要求如下：一是确定各种材料的合理配合比，将骨料投放到搅拌机中，进行全面、全方位的搅拌。二是将胶结料和其他外加剂投放到搅拌机中进行搅拌，连续搅拌的时间需要大于 30 s。三是按照方案将预设的一定量的材料放入搅拌机搅拌

15 min 左右，根据搅拌情况，对搅拌时间进行适度延长。对透水铺装材料分 3 次进行搅拌，使得水泥浆均匀地附着在骨料表面，达到提高混凝土的透水性和强度的目的。从性质上来说，透水铺装材料作为干性混凝土料，发生凝结的时间短。在对混凝土料进行运输时，需要将运输的时间控制在 20 min 内。在运输过程中需要确保翻斗车的平稳性。

（3）透水铺装材料浇筑成型

干性混凝土料非常容易发生凝结，在项目施工环节，需要及时进行摊铺。大面积摊铺时，常运用分块隔仓方式进行摊铺。在施工过程中，将混合物均匀摊铺到路面上，并且通过滚筒进行抹平。若现场铺设厚度过高，在施工环节需要对高出方案预设厚度的地方进行振动压实。振动压实环节，需要增加结构中下方骨料之间的接触面积，使骨料能够形成高强度、多孔结构。采取浇筑成型的施工方式，有效避免了单纯振动成型工艺导致的结构中下方骨料接触不严密的问题，有效增强了混凝土的强度和渗水性能。

（4）透水铺装养护

在性质上，雨水收集系统透水铺装环节中所运用的透水混凝土料和水泥混凝土料属性相似。在进行摊铺施工后，经检验其标高合格以后，需要及时覆盖塑料薄膜进行养护。在浇筑以后需要进行洒水养护，每天不得少于 2 次。在混凝土表面达到预设强度和凝结以后，需喷射封闭剂，以增强透水混凝土的强度和美观性。为了防止降雨过程中冲击而来的杂物对透水混凝土产生堵塞问题，以及受热胀冷缩而导致路面裂缝，在施工完成以后需要增设伸缩缝。伸缩缝的设计需要和结构层混凝土切割缝保持一致，每相隔 6 m 的位置设置通缝，缝隙宽度以 5 mm 左右为标准，并采用柔性物质嵌缝。目前透水铺装已经得到了较为广泛的利用。在铺装过程中，要按照国家施工标准，确定铺装的平整度、砂垫层的含水率等。在进行找平层施工环节，要加强对砂浆的监护，保证其透水率，防止雨水堵塞（透水能力需要大于面层）。在施工过程中，需要时刻控制好透水率，将其作为透水铺装的重点项目。另外，因为透水铺装材料孔隙较大，容易被杂物堵塞，所以要定期采取高压冲洗的方式，清理孔隙周围的堵塞物，强化对透水铺装的后期养护。

三、雨污水的净化

通过分析雨污水净化需解决的问题及解决途径、雨污水净化可以采用的技术来研究传统雨污水系统净化功能拓展技术。

（一）雨水净化需解决的问题

雨水净化需要解决雨水净化环节不足、净化效率低、净化容量小等问题。可从传统雨水系统自身和外部环境两方面考虑解决。

（二）雨水净化对应的技术

为增加雨水净化环节，提高净化效率和净化容量，传统雨水系统可增大检查井的容积、加装填料，增加净化容量和提高净化效率。可在雨水口加装填料，使其具备集蓄和净化雨水的能力，提高净化效率和污染物去除量。可将排放口加装垃圾筛，在不影响排水的情况下，使垃圾筛孔径尽可能小并定期清理，以截留更多的污染物。对传统雨水系统外部环境而言，下垫面主要分为绿地、道路、铺装、屋面、水面和裸土。为增加具有雨水净化功能的环节，可将不透水下垫面改为渗透下垫面。如尽量多采用透水铺装，使雨水在下渗的过程中通过土壤和微生物的共同作用而得到净化；屋面条件允许时，应采用绿化种植屋面搭配耐污染和净化能力强的植物，增大雨水净化面积，提高雨水净化效率；可将道路雨水由路缘石开口导入下凹绿化带，合理搭配植物，增强其对雨水的净化功能；对于绿地本身，可选用耐污染和净化能力强的植物，优化乔灌木等植物的配比，提高净化效能；对于城市水体，可通过流域水环境治理，恢复水体原有的自净能力。

（三）雨水净化可采用的功能单元

1. 雨水湿地

雨水湿地有时也被称作人工雨水湿地、暴雨径流人工湿地等。雨水湿地能较好地削减地表径流量和径流污染。雨水湿地构成单元通常包括进出水口（含消能坎）、护坡和驳岸、前置塘、沼泽区和检修区等。雨水湿地内应根据实际水深种植不同类型的水生植物。

雨水湿地对水的净化主要依靠湿地内种植的植物和微生物实现，除对雨水有较好的净化作用外，依靠其自身的调蓄容量对径流总量控制和洪峰削减也有较好的效果。兰哈特（Lenhart）等人研究了雨水湿地在 11 场降雨中对降雨峰值流量和径流总量的控制效果，雨水湿地削减了 80% 的降雨峰值流量和 54% 的降雨径流总量。单保庆等人的研究表明，雨水湿地能削减单场 76.5 mm 降雨的 85.1% 的径流总量，延缓暴雨产流时间 3 h。雨水湿地的应用需具备一定的空间条件，当空间条件满足时，建筑小区、道路、绿地等处均能运用。雨水湿地占地面积较大，建设和维护费用较高。

2.环保雨水口

环保雨水口拟安装在常用雨水口位置，为三层同心圆筒结构。最外侧同心圆外包裹一层土工布，土工布外再填充一层河砂。该设备能自动分流初期雨水径流，具备径流污染控制和径流量削减功能，主要包括防堵塞雨水箅、垃圾筛、滤料层等构成单元，能自动集蓄、净化、入渗汇集到雨水口的雨水。该设备依靠滤料的过滤和吸附作用去除初期污染物。在重力作用下，初雨径流通过中层滤料和外层砂层时，污染物被滤料吸附和砂层过滤。河砂对有机物和重金属也有一定的吸附能力。河砂搭配合适的滤料，将有效去除初期雨水径流中的溶解性污染物。

环保雨水口对径流的削减量由其本身的结构层蓄水容量决定，为 1 m³。外层粗砂也具有一定的削减容量。该雨水口箅型为圆形，箅条间过水孔径较大，可保证大部分杂物通过。箅子下方和中层滤料之间安装了截污垃圾筛，杂物进入雨水箅后，积存在截污垃圾筛中，容易取出。

环保雨水口在深圳 L 区有较好的应用。L 区设置了 127 个环保雨水口，结合附近雨量站降雨数据分析估算，单个雨水口每场降雨可收集 1 m³ 降雨径流，年均收集回补地下水 550 m³。实际应用中，L 区环境好，无工业和交通污染，若初期雨水平均污染负荷以 COD（化学需氧量）计为 30 mg/L，以 SS 计为 100 mg/L。污染物质一旦进入环保雨水口将会被全部去除，则该环保雨水口对 COD 和 SS 的年削减量分别为 2100 kg 和 7000 kg。该环保雨水口在 L 区示范效果良好、维护简便，可分离初雨和后期雨水，对初雨污染物去除效果明显，能有效改善排入河流的雨水水质。

四、雨水的储存

雨水的储存与调节是海绵城市中的重要一环，在雨量集中时可以调节峰值流量，在降水不足时储存收集的雨水可以供给生活生产之用，在雨水治理和综合利用方面都发挥着至关重要的作用。雨水储存与调节设施主要有湿塘、雨水湿地、渗透塘、调节塘、蓄水池、蓄水模块等。

（一）湿塘

湿塘指具有雨水调蓄和净化功能的景观水体，同时雨水作为其主要的补水水源。湿塘有时可结合绿地、开放空间等场地条件设计为多功能调蓄水体，即平时发挥正常的景观及休闲、娱乐功能，暴雨发生时发挥调蓄功能，实现土地资源的多功能利用。

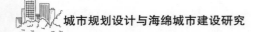

典型湿塘一般由进水口、前置塘、主塘、溢流出水口、护坡及驳岸、维护通道等构成。

1. 施工程序

前置塘、主塘→出水口→进水口→护坡及驳岸等。

2. 施工要点

（1）进水口

①进水口高程应高于常水位，避免阻水。进水口位置可根据完工后的汇水面径流的实际汇流路径进行调整。

②进水口处的碎石（卵石）、混凝土等形式的消能设施，应坚固稳定等。

（2）前置塘、主塘

①前置塘应按设计尺寸施工，保证其预处理能力；当采用混凝土或块石结构，其底面软弱土层应清除干净，对不符合要求的，应进行换填处理；维护通道应与基础通道同时施工。

②配水石笼安装标高应符合设计要求。

③沼泽区水生植物应选用当地长生植物，以保证成活质量。

④主塘堤坝应采取防渗漏措施，满足《水利水电工程单元工程施工质量验收评定标准——堤防工程》（SL 634—2012）的相关规定。

（3）出水口

①溢流出水口的外侧应设置于雨水收水口处，雨水收水口处必须设置沉泥坑。

②应严格控制相邻进水口与出水口的高程，保证进水和出水功能。

③溢流竖管标高应满足设计要求，保证调节水位的标高。

④出水管道安装满足现行标准《给水排水管道工程施工及验收规范》（GB 50268—2008）的规定。

3. 质量与检验

①所用的原材料、预制构件的质量应符合国家有关标准规定和设计要求。

检查方法：检查产品质量合格证明书、各项性能检验报告、进场验收记录。

②砌筑水泥砂浆强度等级、结构混凝土强度等级符合设计要求。

检查方法：检查水泥砂浆强度、混凝土抗压强度试块试验报告。

③植物栽植满足现行标准《园林绿化工程及验收规范》（CJJ 82—2012）的相关规定。

④排水管道满足现行标准《给水排水管道工程施工及验收规范》（GB 50268—2008）的相关规定。

（二）雨水湿地

雨水湿地利用物理、水生植物及微生物等作用净化雨水，是一种高效的径流污染控制设施。雨水湿地分为雨水表流湿地和雨水潜流湿地，一般设计成防渗型以便维持雨水湿地植物所需要的水量。雨水湿地常与湿塘合建并设计一定的调蓄容积。

典型雨水湿地与湿塘的构造相似，一般由进水口、前置塘、沼泽区、出水池、溢流出水口、护坡及驳岸、维护通道等构成。

1. 施工程序

雨水湿地与湿塘基本相似，其基本工序为前置塘、沼泽区、出水池→出水口→进水口→护坡驳岸等。

2. 施工要点

施工要点同"湿塘"的施工要点，此处不再赘述。

五、雨水的利用

通过分析雨水利用需解决的问题及解决途径、雨水利用可以采用的技术来研究传统雨水系统利用功能拓展技术。

（一）雨水利用需解决的问题

为实现雨水利用，需要解决水量不足和水质不达标的问题。可从传统雨水系统自身和传统雨水系统外部环境两方面考虑解决。

（二）雨水利用对应的技术

深圳市多年平均降雨量为 1933.3 mm，雨水利用量充足。为实现雨水利用对水质的要求，传统雨水系统可通过设置雨水口净化初期雨水，以及增大雨水检查井的容量来净化雨水。若安装了调蓄池，调蓄池需在进口安装初期雨水净化措施，可在调蓄池排口或管渠检查井安装雨水利用设备，根据利用水质的要求确定雨水利用处理工艺流程。传统雨水系统外部环境中，可在绿色屋顶下设置雨水罐，就近用于灌溉、绿化等，超过雨水罐容量的水量可接入雨水花园或绿地等。

（三）雨水利用可采用的功能单元

雨水罐是小型的雨水收集利用设施，能从源头上减少地面径流，减小雨水集中处理的压力，多用于降雨期间收集屋面降雨径流。罐内雨水经简单处理后可用于浇灌绿地、清扫道路等，实现雨洪资源化利用。屋面雨水经雨水立管进入雨水罐，进入雨水罐前经过一层物理过滤。当收集量超过雨水罐容量时，雨水经由雨水罐上部溢流管排入地面。有条件的地区可以直接接入雨水花园。

詹宁斯（Jennings）等人研究了雨水罐收集雨水对年度径流量削减的影响，结果表明，收集 186 m^2 的屋顶 20% 面积的径流，即可削减整个屋顶年度径流总量的 1.4% ～ 3.1%。雨水罐多应用于收集利用屋面较干净的汇水面的雨水，市面上已有较多成熟的定型产品，安装和维护简单。但其蓄水容量较小，基本无雨水净化功能。

六、雨水的排放

通过分析雨水排放需解决的问题及解决途径、雨水排放可以采用的技术来研究传统雨水系统雨水排放功能拓展技术。

（一）雨水排放需解决的问题

为实现雨水排放，需解决传统雨水系统本身排放能力不足和需外排的雨水量过多的问题。可从传统雨水系统本身和传统雨水系统两方面考虑。

（二）雨水排放对应的技术

为增强雨水系统本身的排水能力，传统雨水系统可通过增强泵站抽排能力、定期维护清理来实现。从传统雨水系统外部，可增强前文所述的雨水入渗、滞留、集蓄、利用功能。削减进入传统雨水系统的雨水量，减轻传统雨水系统的排水压力。

（三）雨水排放可采用的功能单元

1. 植草沟

植草沟，指种有植被的地表沟渠，具有一定的雨水净化作用，可用于衔接其他单项设施、城市雨水干管等。降雨径流在植草沟中流动的过程中，植物可滞留雨水，减缓其流速。可通过沟内植物吸附、土壤过滤和微生物的净化作用净化雨水。依据传输降雨径流的方式，植草沟分为标准转输型植草沟、湿式植草沟和干式植草沟 3 种形式。

在降雨强度较小时，植草沟主要起到入渗雨水的作用；当降雨强度为中等强度时，植草沟的功能以减缓降雨径流流速、降低径流峰值流量为主；当降雨强度较大时，植草沟主要起雨水转输排放的作用。匹克（Peak）等人研究中，60 ～ 80 m 长度范围内的植草沟可去除 80% 的水体污染物，长度大于 30 m 后，径流调蓄效果较好。云斯顿（Winston）等人比较研究了几种类型的植草沟去除污染物的效果，结果表明，当进水污染物的初始浓度较低时，湿式植草沟效果较标准传输植草沟更好。

国内对植草沟技术研究的起步较晚，相关研究相对较少。戈鑫等人监测了不同雨型下，常州某污水处理厂内的植草沟控制道路径流水质污染的效果，结果表明，植草沟能削减 90% 以上的 SS 和 COD 负荷及超过 80% 的氮、磷污染负荷。黄俊杰等人在合肥市滨湖新区实地监测 2 条不同类型植草沟，以考察植草沟对路面径流水量的控制效果，结果表明，设置有渗排管的改良植草沟水量控制效果显著优于普通植草沟。植草沟适用范围较广，对场地有一定的要求，建筑小区内部路面、停车场周边、道路和绿地等均适用。植草沟可与生物滞留设施、雨水管渠等联用，在条件允许时可部分代替雨水管渠。植草沟建设和维护成本较低，具有一定的景观效果。

2. 深层隧道

地下深隧排水系统是一种在国外已实践应用多年的排涝方式。目前在我国多个城市已展开了针对深隧的研究，希望利用深隧来增强城市防洪能力并控制污染。深隧排水系统构成单元包括主隧道、竖井、排水泵组、通风设施、排泥设施等。合流污水、初雨和暴雨的调蓄转输主要依靠深隧的主隧道，合流污水、初雨和超标雨水经竖井进入深隧；排水泵站用于雨水转输、深隧放空或排洪；隧道充水过程中依靠通风设施排气；隧道内淤泥由位于隧道尾端的排泥设施清除。降雨时，地面多余雨水进入地下深隧，浅层排水管网的压力减小，城市路面积水情况得到改善。多余雨水除直接排入受纳水体外，还可以在降雨停止后，利用水泵和管网输送至地面污水处理厂，经处理后再排入受纳水体。美国芝加哥深层隧道系统长度为 176 km、直径 2.5 ～ 10 m、埋深 45 ～ 106 m，含直径1.2 ～ 7.6 m 竖井 246 个、3 座排涝泵站，最大泵站流量 3.7×10^7 m³/d，提升扬程 107 m。该隧道建成后，地面溢流点减少 405 处。隧道内雨水最终输送至超大规模污水处理厂，处理达标后排入自然河流。芝加哥深隧的实施，保护了饮用水源地密歇根湖（美国），能有效减轻城市内涝风险和缓解水体污染。香港地形地势独特，已建成一个方便从西九龙腹地集水区收集雨水的隧道工程，该地区的地面雨水通过多个收集口汇入一条直径 4.9 m、长 2.5 km 的分支隧道，最后依靠一条长 1.2 km 的倒虹吸隧道将雨水排出维多利亚港。该项目的建成有效缓解了荔枝角、长沙湾和深水埗水区的内涝风险，并提高该地区的防洪标准到 50 年一遇。香港的深层隧道排水工程具有高度针对性，对相似地形的城市具有指导意义。深隧的排水能力强，适用范围广，能较好地减少城市降雨径流，但其造价昂贵，维护较为烦琐，且一旦修建基本为永久性设施，在其实际应用中应和城市长远期规划相协调，避免后期对城市发展造成不利影响。

七、绿色雨水基础设施规划设计

合理的城市空间格局构建对绿色雨水基础设施规划设计具有重要意义。城市空间格局构建应从源头上进行规划设计，优化绿色雨水基础设施规划设计在海绵城市建设系统中的衔接性，强化绿色雨水基础设施规划设计在海绵城市建设各个阶段的目标建设与落实。

此外，运用地理信息系统技术平台对城市空间进行生态敏感性分析，选取自然因子和社会因子进行空间叠加分析得到城市空间的生态空间格局管控区域，在此基础上运用生态敏感性分析结果与城市规划中的用地类型等因子再次叠加分析。通过生态敏感性分析法在城市规划的拓展运用，根据生态敏感性评价、规划用地适宜性评价等因素，将研究范围地域空间划分为不同的功能区，并提出相应的绿色雨水基础设施建设指引，分析结果可作为生态用地布局和城市发展协调的依据。

（一）绿色雨水基础设施规划设计的不足

城市规划是城市重点空间组织与布局的关键性控制指引设计，但目前在城市规划过程中如何落实海绵城市的理念仍存在很大不足，尤其是在城市空间格局的合理构建、竖向控制衔接、不同专业之间的衔接、排水系统之间的关系等重点难点问题，缺乏有效的应对策略，如何有针对性地解决这些重点难点问题是当前城市规划和海绵城市建设需要突破的关键问题。

在城市规划过程中融入海绵城市理念，强化绿色雨水基础设施在城市规划中的规划设计，在城市空间布局上能够进行有效的控制指引。然而，目前我国现有的城市规划体系对海绵城市建设内容的支撑作用体现不足，主要表现在以下几个方面：未融入海绵城市理念、空间布局不合理、未按照"源头减排、过程控制、系统治理"的思路、定性与定量分析不足、空间布局规划和专项规划的衔接不足、城市竖向规划不够重视等。

了解以上城市规划问题，将海绵城市建设内容和要求有效落实到城市规划中，是有效解决城市水环境问题的关键。随着海绵城市建设的持续推进，对海绵城市建设和城市规划在目前存在的重点问题进行深入剖析，探索基于城市空间格局构建的关键控制引导策略，从而明确海绵城市理念下城市空间格局涉及的范畴和系统关系，从城市的空间格局控制指引着手，协调城市规划和绿色雨水基础设施规划的控制引导作用。

（二）绿色雨水基础设施规划设计的目标和原则

1. 规划设计目标

通过绿色雨水基础设施合理规划设计，综合采取"渗、滞、蓄、净、用、排"等措施，最大限度地保持原有生态环境的自然循环系统，构建城市空间格局与环境协调发展相结合的城市生态系统，从而优化城市空间格局，提升城市空间布局的合理性。

2. 规划设计原则

（1）系统构建——生态优先，自然循环

改变传统的空间布局方法，运用多系统、多目标的合理衔接构建生态优先、自然良性循环的城市空间系统体系。结合海绵城市雨水综合系统的构建方法在一张底图上建立源头减排系统、排水管渠系统、超标雨水径流控制系统、防洪系统，将各系统进行具体影响因素的分解，如水文、土壤等，并结合城市规划布局影响因素，如土地分区、土地利用现状等进行综合叠加分析，进而得到城市规划与绿色雨水基础设施规划设计综合考虑的综合布局形式。

（2）空间布局——因地制宜，回归本底

充分发挥天然沟渠、湖泊等自然空间对降雨的积存作用，加强对城市用地布局规划、竖向规划与开发前的水文状态的衔接关系，分析城市现状问题特别是控制城市不同用地类型的布局规模、下垫面要求、设施规模等，统筹发挥自然生态功能和人工干预功能，对城市规划方向合理调整，构建源头减排、过程控制、系统治理的整体思路。

（3）功能与景观相结合

充分尊重自然，以本地树种为主要基调，进行自然式配置，使人工景观达到"源于自然，高于自然"的效果；建造多类型的植物生态景观，丰富季相景观及色彩变化，增加植物景观层次及品种，创造优美舒适的景观环境；不同功能分区的植物应因景、因地制宜，烘托各个分区主题，强化各区特色，体现生态文化内涵。尽可能多地提供温馨的植栽空间，做到见缝插绿，通过植栽凸显景观的趣味性与浪漫性。绿色雨水基础设施内的植物宜根据水分条件、径流雨水水质等进行选择，宜选择耐盐、耐淹、耐污等能力较强的乡土植物。

（三）绿色雨水基础设施规划设计的目标落实

绿色雨水基础设施规划设计应通过现场踏勘、资料调研、基础资料分析等明确当前及未来可能主要面临的规划设计相关问题，并针对这些问题分别提出系统性策略。结合海绵城市建设的目标要求，建立因地制宜的绿色雨水基础设施规划设计体系，在不同尺度上通过不同的工程措施或非工程性措施落实到规划设计中，系统性解决城市开发带来的内涝、径流污染等雨水管理相关问题。

1. 绿色雨水基础设施综合系统构建

为实现海绵城市建设"水生态、水环境、水资源、水安全"的综合目标，构建整体海绵城市综合系统，该系统包括源头减排系统、排水管渠系统、超标雨水径流控制系统、防洪系统。其中，源头减排系统主要依据海绵城市专项规划落实年径流总量控制率指标要求，充分发挥绿色雨水基础设施对雨水径流实现的源头控制；对于排水管渠系统，主要构建完善的雨污分流管网，并重点结合开放空间等集中调蓄空间进行管网优化，以减少末端强排泵站的使用频次，降低能耗；超标雨水径流控制系统主要依据竖向、空间条件构建应对超标径流的行泄通道与调蓄空间，并预留未来开发建设所需的雨水径流调蓄空间；同时，与城市水系生态修复和防洪系统合理衔接，统筹污水与再生水的循环净化回用，实现水资源综合利用。各个系统间相互联系，共同作用，共同实现自然水文循环修复、黑臭水体治理、排水防涝等综合目标。结合建筑与小区、道路、绿地广场、滨水空间等用地条件，构建与各系统目标相应的系统性工程体系。

2. 源头减排系统设计思路

源头减排系统构建主要通过在不同的场地空间，如建筑与小区、城市道路、绿地与广场、水系滨水绿地等，采用诸如绿色屋顶、雨水花园、渗透塘、渗沟/渠、植草沟、蓄水池、湿塘、湿地等滞、渗、转输、储存、净化设施对雨水进行就地控制与利用，以实现径流体积控制（下渗、回用、蒸发/腾）和径流污染总量控制，设计标准主要有年径流总量控制率及对应的设计降雨量、年径流污染总量控制率。

此外，结合当地的降雨数据、整体社会发展情况和水文地质条件等因素，优先考虑雨水的入渗利用，运用不同的绿色雨水基础设施进行源头控制，积极推进雨水的综合利用。

3.排水管渠系统的调整思路

构建完善的城市排水管渠系统，建设完善的分流制排水体制，避免雨污管网混接造成的水体污染等多重问题。其中，包括对分流制系统的管线改造与调节控制措施建设、对合流制系统的截污干管新建以及合流制溢流调蓄。针对分流制系统，首先解决建筑与小区低影响开发未能达到的年径流总量控制容积，其次根据排水管渠系统与排涝除险要求，结合管线改造、调节池建设与公园水体调节实现控制目标。针对合流制系统，可通过截污干管的修建减少原管道漏损问题，通过建设合流制溢流调蓄池，减少溢流频次。

4.超标雨水径流控制系统总体布局

超标雨水径流控制系统主要包括排水渠道、道路行泄通道、调蓄空间和强排泵站等。构建超标雨水径流排放系统的目的是提高城市内涝防御能力，主要用于应对内涝防治设计重现期及以内降雨时超出雨水径流控制系统排水能力的雨水径流，以减少强降雨径流可能导致的重大破坏和生命损失。并充分利用地表自然（或设计）排水系统提高城市对较大强度降雨的应对能力，经济合理地实现"大雨不内涝"，即在出现内涝防治设计重现期及以内的降雨时，城市不发生内涝灾害。区域内蓄、排措施应有效结合，控制城市外排雨水峰值流量，使开发基本不增加外排雨水的设计峰值流量，尽量避免开发建设给下游区域带来洪涝灾害风险。

第三节 构建城市绿色廊道

一、绿色廊道建设的意义

城郊绿色廊道是串联城市与城市，城市与历史建筑、古村落、风景区、森林公园、湿地公园和文化遗迹的通道，包括交通绿廊和滨水绿廊。加强交通绿廊和滨水绿廊建设，对提高城郊景观质量、保护自然生态环境、保护和利用地方文化遗产、促进人际交往及社会和谐有重要作用。城市森林绿色廊道是创造人居环境的主要方式，能够给居民提供户外活动的空间，并且能够满足城市中的人们对绿色生态环境的向往。

此外，城市森林绿色廊道能够调节城市的独特小气候，改善城市生态环境。科技和工业化的发展，使城市生态环境遭到了巨大的破坏，对居民的生活环境造成了很大的不利影响。城市森林绿色廊道的建设完全响应了国家生态政策和可持续发展战略，能够改善工业化城市中的空气质量，同时绿色廊道的绿植还能够有效过滤和抵挡粉尘等污染。城市森林绿色廊道建设除了满足生态环境改善的要求之外，还能够提升城市的整体人文建设，在城市中增添整体文化气息，留住城市的历史文化感，更好地继承和传承城市特色文化。

二、绿色廊道建设的原则

（一）坚持生态优先，提升生态功能

城市森林建设应充分考虑森林生态网络、森林健康、生态廊道对涵养水源、优化人居、生态恢复的重要性，强调树种的多样性以及乔木、灌木、绿木的搭配，并将山、水、湿地、植被、田园等综合起来形成网络，使其成为生态链和生态整体来构建，从而提升生态功能，保障生态安全。城市森林绿色廊道的建设，必须以对城市的自然环境有充分准确的认识为基础，打破城市地块之间的孤岛效应，提高城市的生态系统多样性，提高自然属性。

（二）坚持以人为本，提高生态福利供给

城市森林建设是一项造福社会的公益事业，人们对优美森林环境、便捷休闲空间的追求就是城市森林建设的努力方向。把满足人的需求作为创建工作的出发点和落脚点，加大城市森林的建设，优化人居环境，使城市更加生态宜居；发展森林旅游、环湖湿地休闲、特色林果花卉等绿色朝阳产业，实现森林生态、经济、文化与社会等多种效益惠民，让百姓在城市森林的建设中、建成后都有幸福感。城市森林绿色廊道的建设要坚持以人为本，满足居民休息游玩的要求，同时，也要注重廊道对居民生活的便利性和可观赏性，提高城市生态的服务功能和福利供给。

（三）坚持因地制宜，促进生态系统的稳定性

城市森林的绿色廊道建设要从城市的实际情况出发。不同城市的城市特色不同，山水特征和自然地貌也各有不同，从城市独特的自然环境优势出发，同时，对于有特殊要求的区域，如环境污染严重的区域，要合理建设城市生态绿色廊道，发挥城市森林中绿色廊道的阻拦污染、噪声减弱和生态防护等功能。坚持在绿色廊道建设中因地制宜，有利于野生动物的迁徙，提高环境之间的连接，促进濒危物种不同种群间的基因交流，促进生态系统的稳定性。

第四节　构建城市水系格局

水安全是城市水生态系统最基本的要素，也是城市水生态系统稳定健康发展的保障，因此对城市水安全格局的分析对于城市水系规划有重要意义。城市水安全主要包括两个方面，即防洪安全和水源地安全。本文从以下 7 个方面对水安全格局进行分析。

（一）防洪安全格局

进行防洪安全格局分析的出发点：目前我国很多地区对河道进行渠化，截弯取直，通过固化和加高河堤，使洪水不再是灾害，而是可以利用的资源。城市防洪的关键在于流域的管理和滞洪系统的建立。防洪安全格局分析就是从整个流域出发，分析可供调、滞、蓄洪的湿地和河道缓冲区，满足洪水自然宣泄的空间。综合洪水过程模拟，进行防洪安全格局的分析，具体步骤和内容包括：

①根据地形图和地形高程数据，判别具有调蓄洪水功能的区域，包括市域内的各级河流、湖泊、水库、坑塘和低洼地；

②根据水文过程模拟，确定径流汇水点作为控制水流的战略点，并根据分流部位和等级，形成多层次的等级体系；

③结合数字高程模型，模拟洪水过程，得到不同洪水风险频率下的淹没范围，对城市防洪安全格局进行分析，识别战略点和关键问题。

（二）水源地保护格局

由于水源保护的区域性、水源地及水体的特殊性，我国许多地区水源保护区划分工作尚未形成统一的技术标准。美国纽约水源地保护相对较成熟，我们应借鉴其成功经验，其保护措施包括政府法规、土地使用机制、污染源控制等多项内容。水源地保护格局分析包括：

①根据城市总体规划及相关规划，确定水源地的位置和大小；

②对水源地周边地区用地类型分析，划定水源地保护区；

③制定相关导则，规定允许或禁止开展的人为活动。

（三）水资源格局

城市水资源包括地表水、地下水、雨水、中水等，在我国北方干旱地区对水资源格局分析尤为重要。水资源格局是指水资源在某一地区空间上的分布，对水资源格局分析主要包括水资源的类型和水量两方面。水资源格局分析包括

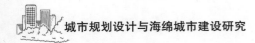

以下步骤和内容：

①对区域内各河段、湖泊、湿地生态需水量进行分析；

②分析各区供水水资源类型，及相应的供水水量；

③分析水资源供需平衡，识别水资源格局存在的问题。

（四）水环境格局

水环境格局分析主要是对规划区内各片区、各河段的水环境质量进行分析和评价，识别水环境问题，具体步骤和内容如下：

①参考城市水环境质量报告，对城市水体污染分析，包括污染源、污染物种类及污染量分析。

②依据城市水质现状，以及规划水质目标，对城市水系进行水功能区划。

水功能区划根据水利部提出的二级体系进行协调，一级区划主要协调地区间用水关系，从长远上考虑可持续发展的需求，二级区划主要协调各市和市内用水部门之间的关系。

（五）水景观格局

水景观格局是指水域与周边景观组成单元的空间格局。广义上讲，水景观格局包括水景观组成单元的类型、数目以及空间分布与配置。斑块－廊道－基质模式是最简单的城市水景观空间格局构型。斑块指与周围环境的外貌或性质上不同，并具有一定内部均质性的空间单元。廊道是指水景观中的相邻两边环境不同的线性或带状结构。基质则是指水景观中分布最广、连续性最大的背景结构。城市水景观功能区划应按以人为本的原则、水量和水质并重的原则、与城市景观协调的原则、主导因素原则等进行划分。水景观格局分析包括以下内容：

①运用景观生态学原理，对城市水系进行斑块－廊道－基质模式分析，包括连接度、环度等；

②结合城市土地利用规划以及河道现状进行城市水景观功能区划。

（六）水文化格局

城市水文化是指城市中与水有关的文化，城市水文化建设有助于引导我国人水关系向和谐方向发展，有助于水利经济的提升，有助于提高城市的综合竞争力。城市水文化是一种无形的资产，将其与城市建设相结合，将提高城市的整体形象和竞争力。因此，对城市水文化格局分析，有助于城市的繁荣发展，文化事业的传承创新。水文化格局分析一般包括：

①水文化资源调查。通过检索和收集古今书籍、地方志和图文资料，以及走访、座谈、现场调查等途径，对涉水的各类历史与现代人文思想、文学艺术、遗迹遗址、民风民俗、自然景观、文化设施等进行挖掘、收集和整理，形成水文化的原始资料。

②利用 GIS 技术，建立水文化资源库，将水文化资源和研究成果载入资源库，为进一步规划提供依据。

③利用 GIS 技术，对水文化重要节点和廊道进行分析，并对重要的水文化实施制定保护规划导则。

（七）水经济格局

城市水经济主要指因"水"而产生的与经济有关的事务，一般涉及城市供水、用水及由于城市水生态系统的参与带来的经济变化等方面。城市水经济格局是一个城市水环境与经济的交集，是一个城市发展绿色经济的增长点。水经济格局分析内容包括：

①城市涉水经济的发展状况调查；

②城市涉水产业的空间分布；

③城市涉水经济的效益分析。

第六章　海绵城市建设的技术研发

全新的海绵城市建设是城市发展的重大转折和机遇，但同时也面临巨大的困难和挑战。真正做到雨水就地消纳，让雨水在一定范围内滞留，就地资源化，才是海绵城市建设的实质。同时，海绵城市建设需要各方面密切配合，政策、财政、技术等全面到位，最终才能真正改善城市排水防涝能力，充分节约和合理利用雨水资源，回补地下水，滋润土地和地表植被。本章分为绿色屋顶技术、生态植草沟技术、雨水花园技术、植物冠层截留技术四部分。主要内容包括：绿色屋顶的生态价值、绿色屋顶的类型和功能、绿色屋顶结构组成部分、生态植草沟定义和技术类型、雨水花园的产生和发展、雨水花园的类型和设计原则、植物冠层截留技术与降雨量和降雨强度的关系等方面。

第一节　绿色屋顶技术

一、绿色屋顶的生态价值

（一）雨洪调节

绿色屋顶与普通屋顶相比具有多种生态效益，如雨洪调节功能、空气净化能力、改善小气候、隔离噪声和创造动植物栖息地等。绿色屋顶生态效益研究中引用最多的是栖息地和生物多样性保护，而生物多样性是最难研究的生态益处，因为它广泛存在于多种类型、不同门类的生物之间，很难具体阐述其作为一个成功的绿色屋顶的标准。

城市大部分地区主要为坚硬非多孔的地表面，这些地表面会导致严重的径流，使得现有的雨水设施不堪重负，导致下雨天剩余的污水流进河流和湖泊，造成污染。绿色屋顶上的植被和介质是屋顶表面的一种透水覆盖物，像是增加了一层天然保护层，让雨水层层穿过而变得缓慢，同时吸收部分雨量来满足植物生长所需的水分，这有助于缓解城市地区雨水径流的水质、水量和侵蚀问题。基质中存储的水分可以降低屋顶表面温度，特别是对于面积较大的屋顶，可以直接影响屋顶周边的微气候环境。透过基质的雨水温度会更低而且流速更慢，溶解在水中的颗粒污染物也滞留在土壤中被植物吸收，从而达到净化水质和减轻环境污染的效果。绿色屋顶上的雨水被土壤和植被过滤一遍，再缓慢释放到排水管道，使城市排水管网的高峰径流时间往后延迟，有助于缓解城市内涝问题。防止雨水管道超负荷运作并不是绿色屋顶能够调控雨水的唯一途径，绿色屋顶还能过滤水中的营养元素氮和磷。这两种元素通常被用作化肥添加到植物生长催化剂里，空气中的氮和磷元素通过降雨溶解到水中落到屋顶，就可能成为植物生长代谢的营养品。当它们作为一种"巴料"资源时是很受欢迎的，但遇到强降雨天气就会变成棘手的问题。如遇暴雨天气，大量富含营养物质的污染物流经不透水混凝土表面，最后流进河道汇集到江河、湖泊造成其富营养化，导致大量藻类植物滋生。它们漂浮在水面形成严实的遮蔽物，并从水中吸收氧气，导致大量的水中生物无法生存。除了加剧洪水和侵蚀，城市雨水径流还含有农药和石油残留物等污染物，这些污染物会破坏野生动物的栖息地，并污染饮用水供应源。控制雨水径流的措施是利用大面积空地蓄积多余雨水并进行处理。传统的雨水调节技术包括水库、池塘、人工湿地和渗透的绿地表面等，但这些被用作收集大量雨水的作用于地表面的技术在建筑稠密的城市中心可能难以实施。由于绿色屋顶在暴雨时期能够吸收、过滤和储存水分，所以在许多城市得到提倡和推广。绿色屋顶的雨水调控功能成为绿色屋顶生态价值的重要组成部分。

（二）降低噪声

绿色屋顶能够消减噪声，通过使用多种常绿灌木和小乔木组合搭配的方式，利用植物茂密的枝叶和软质部分减弱声波传输的强度，可以有效缓解噪声污染。康纳利（Connelly）和霍奇森（Hodgson）研究了绿色屋顶和非植被屋顶的降噪情况，结果表明，植被屋顶的噪声降低了 10 ～ 20 dB。

（三）改善热岛效应

绿色屋顶上的植被层能够吸收大气污染物中的颗粒物，能给城市里的人们带来诸多益处，同时，屋顶覆盖的植被层还能给业主带来显而易见的经济效益，因为绿色屋顶能够调节建筑内部的温度。绿色屋顶与裸露的水泥屋顶相比，其多层复合式结构可以降低太阳辐射对建筑的升温作用，减少室内空调的能源消耗，有效缓解城市热岛效应。绿色屋顶植被和基质比其他类型的屋顶吸收更多的太阳辐射，因此节省了用于冷却的资金成本。大面积绿色屋顶可以减少建筑的能源消耗，屋顶上的土壤基质越厚，越能减少建筑内/外的热量获得或损失。城市地区相比郊区和乡下地区年平均气温更高，因为建筑主要是由混凝土石块构成，在白天吸收太阳辐射热量，到晚上再释放出来，导致城市在夜间近地面高度降温速度比郊区慢，加之高楼林立阻碍了风力扩散，造成城市中心区域热岛效应加剧形成。人类活动会产生大量热量，包括生产和生活过程中产生的无端热量，小到每个人每天使用的电器，出行交通车辆排放的尾气热量，大到社会制造业和工业发展所排放的废热等，可将其归为建筑、交通、工业和其他四个主要的产热源。人类活动对社会环境的影响越来越大，在冬天一些城市人为制造的热量已经超出了太阳净辐射热量。

城市里的人群密度较高，人口越稠密的地方植被空间就被挤压的越小。有植物的区域相比其他区域有更多的益处，比如，通过枝干和树叶形成浓荫，降低周围空气温度和增加空气中的湿度，不同高度的植物群落组合还可以最大限度地提供阴凉的效果，这种效果随着植物规模的扩大而增强。一项小规模构建的模型研究数据表明，在日最高温度下，植被屋顶对通过屋顶的热通量的减少比单独的土壤屋顶更大，最大减少率的70%都归因于土壤，其余部分归因于植被。裸露的屋顶通常使用深色防水材料涂层，很容易吸收太阳光线而使屋顶表面快速变热，而绿色屋顶在白天可以降低屋顶表面温度，有助于缓解城市热岛效应。有研究人员发现，绿色屋顶上的植物和基质层在冬天可以提升的最低温度值在0℃以上，在炎炎夏日可以维持屋顶温度在25℃左右，其恒定温度变化区间还可以有效延长屋顶材料的使用寿命。有一项来自加拿大多伦多的研究表明，改造建筑屋顶成为绿色屋顶，在白天可以将周围空气温度降低0.4℃，晚上降低0.8℃。

（四）美学和健康价值

在整个城市范围内有许多未利用的屋顶表面，这些屋顶经常被涂上黑色的沥青以降低太阳热辐射对建筑的影响，然而，从高空影像中就会发现，这些措施并未考虑屋顶的景观效果。给美学赋予价值并不是一件容易的事儿，量化景观美学的一种方法是通过财产评估其价值。城市中的绿地开发受到越来越多的重视，特别是在房地产行业明显受到邻近绿量的影响，周边绿色区域除了具有视觉吸引力以外还有诸多实用功能，可以带给人们健康的生活享受。

研究表明，即使是与植物进行简单的视觉接触也可以改善健康状况，减少术后恢复时间，提高人们的满意度和减少压力等。人们有时会感到压抑或烦闷，甚至情绪崩溃，部分原因可能是生活中的自然环境遭到了破坏。这种情绪崩溃现象据说来自"生物癖"的感觉，据报道，这种感觉自觉或不自觉地存在于每一个人身上，特别是在童年时期，只有通过与自然的直接接触才能得到缓解。然而，在城市化高度发展的中心区域，这样的自然环境非常稀缺，大多数区域是人工景观取代了自然景色。

生态系统过度的人为化已被证明是不可持续的，对城市环境产生了深远的影响，自然生命特征被单调的混凝土取代，逐渐失去了生态系统的复杂性，这可能是人类心理压力的根源所在。于是观察屋顶花园上的小鸟、小蜜蜂和小昆虫成为部分人的喜好，当他们发现一些从未见过的物种时，大脑会在很长一段时间保持兴奋和愉悦。这些原生的自然资源似乎会让人身心得到彻底放松，即使是在城市中观察蝴蝶飞行的小小情感，也可以作为一种对生态观察的刺激和被一个活生生的世界包围的愉悦感受，对人类产生巨大的影响。所以在城市当中发展绿色屋顶，不仅从美学角度，而且从城市生态和人类健康的角度考虑，增加人工模拟的自然景观显得非常必要。

（五）生物多样性保护

目前，有关绿色屋顶生物多样性的研究数据较少，且难以用数据表征其复杂性。它们包括物种内部和物种间，以及各个生态系统之间的多样性，由于没有既定的设计标准和模式，人们对其发挥的生态价值尚不是特别清楚，但可以肯定的是绿色屋顶为生物采集食物和安居筑巢提供了便利，但这是作为设计植物屋顶的一种附加价值而非主要目的。通过对文献资料的研究发现，绿色屋顶的生物多样性研究具有巨大潜力，有的文献记录了生活在当地屋顶上的物种名录，它们都是自屋顶建成之后才逐步"搬迁"至高的屋顶上开始新的生活，年代越久的屋顶生物多样性似乎越活跃，因为长久存在的旧屋顶意味着更稳定的植物群落和更稳定的基质环境。一些研究证实了不同类型的绿色屋顶可以提供不同形式的栖息地，但是屋顶上的栖息地环境会一定程度地限制某些物种，这主要取决于屋顶上的植物多样性、基质特性和绿化面积。有学者发现了节肢动物是很好的适应性物种，几乎在所有类型的绿色屋顶上都被记录到了，绿色屋顶即使是在有限的基质和植物存在的情况下也能作为节肢动物宝贵的栖息地。当这些难以引起注意的小动物随着植物和基质一起被运到屋顶时，在更容易被忽视的小空间里逐渐形成复杂的群落结构。

随着城市建筑不断增多，屋顶面积也跟着增加，屋顶绿化创造的栖息地为擅长飞行的动物提供了其他环境所不具备的条件。虽然原来的荒野环境被城市取代，但值得高兴的是屋顶绿化面积每年都在增加，决策者们都在提倡生态型屋顶绿化建设。一些屋顶花园种植了果实和花卉，如屋顶农场和私家花园，成为鸟类和蜜蜂最常光顾的场所。屋顶是一个相对孤立又不受外界干扰的空间，可以人工种植一些很受欢迎的植物，以吸引更多对其感兴趣的物种参与。有研究发现地面筑巢的金眶鸻和凤头麦鸡，都在利用绿色屋顶作为捕食和筑巢地，但仅仅一个屋顶并不能满足所有鸟类所需的资源。美国福特汽车装配厂的绿色屋顶上的鸟类有两种，一种是北美斑鸠，另一种是橄榄斑鸠，表明只要绿色屋顶上的植物物种丰富且具有复杂的群落结构和较厚的基质层，通常可以支持鸟类的多样性。不同绿色屋顶使用的基质种类不同，多样化基质成分所能支撑的植物种类也不相同。植物和基质为多种昆虫提供食物和栖息地，建议在基质表层创造低洼区域以便有利于在雨天形成浅水池，为屋顶上的生物提供取水的便利，有助于生物多样性的良性发展。

绿色屋顶具有调节雨水径流、改善热岛效应、降低噪声、保护生物多样性、美学和促进健康等多种生态价值。在国外，粗放型绿色屋顶技术的研究已经非常成熟，如屋顶雨水径流调控的研究，植物耐性及植物筛选的研究，基质厚度、养分及组成配比关系的研究，建筑温度和能源消耗变化及城市热岛效应的研究，野生动植物多样性变化的研究等。而在国内虽然有很多已经建成的花园式绿色屋顶，但与之相关的生态价值方面的研究却较少，而对于粗放型绿色屋顶，需要开展长期深入的研究。

二、绿色屋顶技术的类型和功能

绿色屋顶是应用城市生态学、建筑学和景观设计学等多学科理论，在建筑屋顶上营造生态景观的一种形式，根据使用性质的不同可以分为花园式绿色屋顶和粗放型绿色屋顶。一般来说，建筑的功能和性质决定了屋顶绿化的类型，应用于不同建筑类型屋顶上的绿化形式和使用它的人群有关。实施屋顶绿化最多的建筑类型可大致分为市政建筑或机关单位办公建筑、学校或科研院所实验楼、公共建筑或开放园区创意大楼、商业综合体或酒店建筑、公司或企业办公大楼以及住宅小区裙楼建筑等。作为未来城市发展的新型竞争力量，越来越新颖和独特的屋顶绿化形式结合立体绿化给城市发展注入新的活力，在生态城市建设方面发挥越来越重要的作用。

建设绿色屋顶应该巧妙地利用主体建筑特点，在屋顶女儿墙和一些平台、墙面等面积较大的地方开辟绿化场地，使之具有景观艺术美的效果。粗放型绿色屋顶使用轻型种植基质和抗逆性强的肉质或草本植物，平铺种植在穴盘中或隔开的浅层基质中，既可以广泛应用于平屋顶，也可以用在面积狭小的露台或斜坡屋顶上，对屋顶荷载要求在 1000 N/m² 以上。花园式绿色屋顶使用厚层种植基质结合种植容器的方法，可以使用多种植物品种营造丰富的景观形式，能够形成错落有致的景观效果，但同时也需要定期进行修剪、浇灌和施肥。与粗放型绿色屋顶相比，花园式绿色屋顶对建筑屋顶承重要求更高，用于设计建造和后期维护的费用均要高出许多。花园式绿色屋顶基质厚度一般超过 15 cm，有助于植物防风固根，有助于减轻绿色屋顶受到洪水和干旱胁迫的影响。虽然如此，但绿色屋顶相比邻近地面环境仍然需要经受严酷的考验，有来自地面不透水铺装反射的热量和城市上空肆虐的风的恶劣影响。花园式绿色屋顶相当于可移动的地面花园，同一个屋顶上会有多种景观形式，如草坪、植物群组、构筑物小品、水景、道路铺装、指示牌和休闲桌椅等，一般允许人们游览参观。整体高度为 10 ~ 150 cm，个别乔木植物会更高，每平方米绿色屋顶重量为 150 ~ 1000 kg。

绿色屋顶根据使用者不同可分为公共游憩型、商业性质使用型、住宅区绿化型、生产科研型和其他生态型等。生产型绿色屋顶主要以经济效益为主，兼顾生态效益和景观效益，例如，上海某绿色屋顶玉米迷宫、某商场屋顶的蔬菜采摘园等，大多数采用的是单一种植经济作物的方式，在屋顶上划分多个片区规则布置栽培温室的模式。住宅区绿化型主要包括停车库顶层屋顶花园和楼房顶层的屋顶花园，也包括一些私家阳台花园等，这些场地大多选择观赏性较好又可以感受四时变化的植物，做到四季有景可赏，也充分考虑促进人的身心健康的使用功能。作为商业性质使用的绿色屋顶一般位于高档酒店和宾馆的顶楼，一般只对其客户开放且设计精美、造价高昂，在屋顶上可以开展小型聚会和派对，是以盈利和休闲为主要目的绿化形式。

三、绿色屋顶的结构组成部分

所有类型的绿色屋顶都具有至少三层结构，从下往上依次是屋顶防护层、种植基质层和植被层，每一层都执行相对应的功能。种植基质层作为植物生长的关键因素，既要满足植物生长所需的矿物元素要求，也要满足轻量化工程结构的要求，该层一般是天然土壤和人工基质的混合物，具有保水性和透水性二重功能，而且其土壤物理化学性质基本保持稳定，选用多样化基质成分是一种不错的屋顶绿化策略。如果设计绿色屋顶是以提高生物多样性为目的，那么植被层就直接决定了屋顶的生态功能从而显得尤为重要。植被层能够稳固基质不被风刮走，但也必须要耐受得住干旱和太阳光照射的考验，建议设计大、中、小不同高度的植物群组以增加微气候环境的数量。绿色屋顶在建设之前会进行屋面承重计算，这需要根据建筑类型、建筑年限和建筑所在地区的气候特点等多方面进行考察，采用不同绿化形式的屋顶必须满足不同建筑的承重要求。一项位于英国的有关中高层钢筋混凝土建筑的研究中，研究者发现在建造绿色屋顶时不需要额外的改造，此研究得出英国大多数建筑能够承受 $8 \sim 10 \ kN/m^2$ 的静荷载，这对于绿色屋顶的建造是足够的，对于较重的花园式绿色屋顶，由于其经常具有花箱、树池、景石和木铺装等装饰物，则需要把它们放置在屋面梁柱结构或主要重量支撑处，总重量应在整个屋顶承重范围以内。

屋顶绿化通常需要设计方和施工方完成这些步骤：①对整栋建筑的结构特性进行评估并测算屋顶的最大承重量，设计屋顶绿化材料的总重量必须小于屋顶的最大承重量；②屋顶表面应铺设防水层和隔根层，如硬性防水材料混凝土或软性防水材料沥青、高分子聚合物液体等；③防水层以上为蓄、排水层，一般使用同种材料兼顾两种性能，在排掉多余水量的同时储存部分水量，如蓄（排）水板、陶粒等；④蓄、排水层以上为过滤层，过滤层可以减少土壤养分流失，防止土壤大颗粒下渗堵塞排水管道；⑤过滤层上面铺设种植基质，基质应具有营养丰富、肥效期长和轻质的特点；⑥栽植植物时要根据植株大小和重量进行精细布置，体型大的靠近墙体、远离强风区域，质量大的要种植在建筑承重结构上。花园式绿色屋顶通常由植被层、基质层、过滤层、排水层、隔热层、控根层和防水层等部分组成。

在粗放型绿色屋顶建设过程中由于经常发生排水不良的问题，建议单层系统应限于坡度至少为2%。绿色屋顶的基础蓄、排水层——基板，始终建议采用当地的废弃物，使绿色屋顶具有成本效益，并对植被生长发挥积极的作用。矿物基质的高孔隙率促进了根部环境的良好排水和氧化作用，同时有助于其吸收足够多的水分来支持植物在旱季生长；而且矿物骨料能够抵抗膨胀和收缩，从而保持基质结构的稳定性，进一步促进土壤底下的排水和曝气。选用合适的基板才能保证后期植被的长期存活率，才能提高屋顶无灌溉周期的时长和节省更多的资金。除此之外，绿色屋顶基板应具有较高的保水能力（WHC），因为它有助于减少峰值径流，有助于植物抵御干旱条件并存活下来。理论上带有蓄水材料的排水层可以在干旱时期为植物提供水分，这样的蓄水材料需要填充颗粒物，目的是让基质不通过气隙，以免造成对土壤"毛细管"吸水功能的阻碍。如果阻碍了植物从蓄水层直接吸水的过程，那么给植物提供水分的唯一途径就是将储存的水分蒸发到基质中。

第二节　生态植草沟技术

生态植草沟技术起源于欧美国家，是针对城市面源污染治理的一项重要技术成果。生态植草沟不仅能控制面源污染，自身也具有景观功能。在当前海绵城市建设的新理念之中，生态植草沟技术也被看作泥沙与污染物的主要"过滤器"。

一、生态植草沟的定义

生态植草沟是指具有景观植被功能的城市沟渠排水系统。当城市降雨径流以较低的流速通过生态植草沟时，受到植草沟植物截留、植物过滤以及渗滤的综合作用，径流中携带的污染物得到有效去除。生态植草沟可以在居民生活区、商业区以及公路排水系统中进行应用。由于生态植草沟内的颗粒态的污染物可以看见，因此其可以解决传统雨水管道和污水管道混合在一起的问题，生态植草沟结合有效的管理措施，提前截留和去除最终进入纳污水体的污染物。生态植草沟可在最佳管理措施和可持续排水系统中同其他措施联合运行，收集雨水的同时，达到水体净化的效果。

二、生态植草沟的技术类型

按照城市降雨径流在生态植草沟内运移的方式，可将生态植草沟划分为3种类型：第一种类型为渗透型植草沟，该类型植草沟范围较广，且草类高度较低，可将雨水汇集区的径流引导和运输到其他管理措施中，这种类型的生态植草沟适用于高速公路排水系统以及居民密度较小的生活区、工业区及商业区。第二种类型为表流型植草沟，该类型植草沟植被覆盖较密，覆盖有人工进行铺设的过滤层，且其底部铺设排水系统，提高其排水性能，该类型植草沟适用于高速公路两旁的排水系统。第三种生态植草沟类型为干植型植草沟，该类型植草沟通过定期的割草，可以保持植草沟内的干燥程度，适用于高密度的居民生活区。

第三节　雨水花园技术

一、雨水花园的产生和发展

（一）雨水利用的历史

雨水花园是现代生态环保理念下催生的产物。1993 年，第一个雨水花园在拉里·科夫曼和他的合作者们的共同努力下建造成功。尽管真正意义上的雨水花园在 20 世纪才出现，但是从本质上来说，对水资源的保护、对雨水的利用是自古以来人类不变的追求。正是在这样的意念的指导下，人类对雨水的收集利用技术和形式才会不断发展。

1. 古代的智慧

早在公园 6000 多年前的玛雅时期，玛雅人就已经开始收集雨水补充日常生活用水。现在南美洲的墨西哥、秘鲁以及安第斯山脉上，都有与梯田共存的绵延的水渠遗迹。这些水渠被考古学家认为是运送灌溉水和排泄、储存雨水的设施。得益于拥有当时先进的灌溉、取水系统，远古时代的玛雅地区农业发达，人口繁荣。到公元前 3000 年左右，在南美洲哥伦比亚和厄瓜多尔以及秘鲁高原生活的人们利用地形修建了蓄积雨水的水池，并且对沟渠的使用已经不再停留在简单的运水功能之上，他们抬升台地种植耐旱植物，在蓄水沟、水池周围种植水稻等需要大量水的农作物。

干旱地区的人们对于雨水的收集和使用则更加细致和高明。古代的阿拉伯人身处在降水稀少的沙漠地带，地下水的缺乏使得他们花费大量的精力去探索收集天然降水的办法，在他们的建筑、园林、生产等方方面面都融入了对雨水利用的智慧。阿拉伯的宫廷园艺师们巧妙地利用宫殿檐壁收集雨水供生活之用，同时加大建筑的遮阴面积，缩小沟渠、水槽的宽度等，减少水量的蒸发。生活在内盖夫沙漠的纳巴泰人利用他们自己的径流收集系统收集雨水，从而有计划地灌溉庄稼，发展农业，被后人称为"纳巴泰"方法。

同样身处撒哈拉大沙漠的古埃及人用集流槽收集雨水。他们的祖先所遗留下来的雨水收集系统到现在还能从卫星图片上清晰看见。而在欧洲的古罗马，人们用水池、堤坝、水窖等形式收集雨水，用于生产和生活。

2. 现代的需求

水资源专家通过研究一致认为：对雨水的利用在21世纪将成为缓解地表淡水匮乏的一项重要的、有效的途径。在这方面许多国家已经开始了积极的探索和实践。在20世纪60年代左右，西方国家就已经研究雨水利用技术，不仅如此，他们在研究技术的同时还制定了不少的雨水使用以及排放的政策和法规。

现代雨水收集利用主要集中在生活需求和农业灌溉两个方面，西方不少发达国家和部分发展中国家都在雨水利用领域进行了研究和实践，这些国家每年的降雨量从200 mm到3200 mm都有，这说明雨水利用对于大多数国家都是有着积极意义的。

德国在20世纪90年代就已经开始大力研究雨水收集利用技术，并且在国内修建了大量的相关设施。现在德国在雨水收集、净化、渗透和径流控制技术等方面拥有比较高的水平，并且将雨水的利用推广到了家庭里面，成为雨水资源利用技术最为先进的国家之一。

美国在20世纪90年代也发生过全国大范围的洪水、暴雨灾害。在那之后，美国政府大力推广建设蓄水池、入渗池、下渗井、大面积草地、透水铺地材质等地表雨水径流管理设施，加快地表水的下渗，既利用了丰沛的降水，又减轻了防洪的压力，实现"就地滞洪蓄水"。

日本是实施雨水利用项目规模最大的国家，他们收集到的雨水主要是用来补充日常生活用水，比如，城市绿化浇灌、厕所清洁、消防用水等。日本政府除了采取实际措施提高水利用率，还会鼓励全社会节约用水，推进水循环，大力倡导收集使用雨水。

在澳大利亚，居民使用雨水的比例占到日常生活用水的很大部分，雨水成了家庭日常用水的主要来源之一。收集雨水的水仓在澳大利亚十分常见，居民也会在自家地下室或者庭院中修建小型蓄水池，结合取暖设备或者太阳能设备提供家用热水和冲洗马桶用水。除此之外，灌溉家庭花园和洗车等的用水也主要来自收集的雨水。资料显示，澳大利亚的这种水利用模式在正常居住小区内能够满足室内家庭用水总量的50%以及100%的花园灌溉和洗车用水。

发展中国家里泰国实施的"泰缸"项目成果显著，全国共建造了1200多万个家庭水缸用于收集雨水，为数百万人提供了饮用水源。加勒比海地区部分岛屿上80%的居民用水来自雨水收集，在非洲肯尼亚，雨水收集同样也是农村供水和卫生项目的一个重要内容，这种技术被推广到纳米比亚、坦桑尼亚等同处干旱少雨的沙漠地区的国家，带动了非洲雨水蓄积技术的发展。

除了生活用水的需求，农业生产也是现代雨水利用技术发展的重要动力。20世纪中叶以来国外出现了径流农业一说，其含义为收集降水产生的地表径流并进行储存、净化，在农业生产过程中进行利用。这一技术在非洲推广最为广泛，并被列为联合国援助非洲的重要项目之一。

　　在中东和北非，人们沿着山坡修建排水沟网，使得下雨时山坡上的雨水能够汇集到一起朝同一个方向流淌，同时在河谷中修建梯田和水坝，把土地分割成一块一块，让山上流淌下来的雨水分层、分区地灌溉田地。另外，它们还使用了一种用植物形成的屏障拦截雨水，由于植物屏障具有透水性，这样在雨量大的时候不会造成拦截上游的地块被水浸泡。

　　3. 生态的呼唤

　　在进入20世纪90年代以后，地球环境恶化加速，能源消耗越来越大。城市化的快速发展在发展中国家呈现出的问题越发明显。然而，人们对生活环境的要求却越来越高，大家都希望能够生活在拥有美丽景色的地方。在这样的大背景下，雨水的收集利用也从单纯地满足农业或者生活需求渐渐向生态和谐方向发展。也就是说，在满足雨水收集功能的同时，对于景观需求的考虑越来越多。

　　生态理念的介入并不是说要将那些雨水利用设备改造成为不可见的、野化的形态，而是要将自然界生态循环的原理引入雨水收集的过程当中，这种将设施和景观融合在一起的过程将使得我们的生活环境更加优美宜人。在不断发展的雨水收集利用的研究和实践中，雨水花园作为一种终端设施而出现，结合植物、土壤的天然功能将雨水过滤净化后收集起来再次使用，或者使其下渗，让其重新加入自然界水循环。

　　现代雨水花园起源于美国马里兰州乔治王子郡。环境项目负责人拉里·科夫曼和他的团队希望他们所改造的雨水处理系统能够使用生态材料和模拟自然过程处理雨水，同时使得设施摆脱刻板生硬的工业化形象，而成为美化环境的一部分。经过大量的研究和试验，他们从零开始尝试如何模仿森林或者草地通过植物和土壤的功能来对降到地面的雨水进行渗透和收集，试着将包括风景园林学、植物学、土壤学等在内的多学科内容结合起来，最终他们创造出了雨水花园的实际成果。

（二）雨水花园在国外的发展

1. 高品质的代表——德国

德国的雨水收集技术处于世界领先的地位，发展到现在已经形成了完善的体制和成熟的实用技术。德国联邦法律规定新建或者改建的开发区、住宅区必须要考虑雨水收集利用系统。在这样的政策条件下，开发商和建设者们在进行新的项目的时候，都必须将雨水利用作为设计和考虑的重要组成部分，这成为提升项目本身品质和吸引居住者、使用者的一大因素。

汉诺威康斯伯格城区是能代表德国雨水技术的典范之一。康斯伯格城区位于德国下萨克森州首府汉诺威市东南方向，总面积 150 万 m^2，为 1.5 万名居民提供了 6000 套住房。在项目规划设计实施过程中，建造方制定了严格的标准，从能源利用、垃圾处理、土壤利用和植被恢复以及雨洪利用等各个方面贯彻生态可持续发展。其中得到最广泛认可的是，该城区对雨水的处理原则遵循了亲近自然的设计理念，针对传统的管道收集雨水需要进行大规模铺设工程会对场地基础设施造成影响的问题，采用了源头控制、局部就地滞留和下渗的方法恢复水循环系统，从而达到可持续发展的目的。

在雨水收集的终端，项目中采用了几种形式的雨水花园，一种是"雨水渗透沟"，沿着道路和停车带以及人行道进行设置，深度在 30 ～ 40 cm，在发挥排水、蓄水、下渗功能的同时，为城区道路添加了一道清新的路边景观。

另一种主要形式是"坡地雨水滞留带"。这种设施一般修建在带有坡度的道路旁边，宽度为 12 ～ 13 m，雨水顺着地势自然流淌，形成优美的溪流景观。同时在局部区域设置了蓄水池和挡水隔板，使得雨水一级一级往下流淌，从而使得雨水的下渗和储存更加充分。除此之外，在场地最低洼处设置雨水滞留区，宽度为 18 ～ 35 m，以公园绿地的形式呈现，并种植当地的野草和树木，充满了生态的野趣。这样的区域在没有降水的时候是住宅区内的绿色开放空间，在暴雨降临时可以在此滞留大量的雨水，雨水滞留量可以满足 10 年一遇的规模。

与此同时，在区域内部分雨水花园的滞留沟渠内，德国的设计师们还加入了细节设计，那就是一种音响雨水系统。当雨量达到一定高度以后，雨水从雨水花园内溢出或者从截留池溢出到旁边的沟渠时，会发出美妙的声响。这是因为带有音响功能的沟渠在设计时与地下储水装置相连接，整个装置按照声学原理设计，因此雨水在滴下时随着水量的不同会发出不同的美妙声响。这样的设计不仅给经过的人们带来全新的听觉体验，而且也用这种特别的方式让人们对雨水给予更多的关注。

值得一提的是，在康斯伯格城区内的小学校园中也设置了雨水收集系统，大大小小、不同形式的雨水花园被巧妙地安置在建筑、道路、广场周围，收集的雨水被用来浇花和冲洗厕所，学校通过这样的途径来教育孩子们保护、节约和利用雨水。

不仅仅在实践方面做到有效和创新，同时还在教育层面下功夫，这正是德国雨水利用技术发展的可贵之处。更重要的是，一系列关于雨水使用的法规大力支持了雨水花园的实施，法规规定：一般情况下，降水不能排入城市下水道系统中，开发方新上项目必须对雨水进行有效的滞留和使用，否则政府将征收雨水设施费和排放费。

2. 实践的成功者——美国

美国在 20 世纪 90 年代开始大力发展雨水花园，与德国相同，经过多年的发展已经形成了完善的技术和相应的政策。第一个雨水花园是在乔治王子郡的住宅区开始实践的。在当地的住宅项目中开发商联合当地的设计师创造性地使用了雨水花园技术，得到了很好的效果，居民对其反响也很好，因此雨水花园得以快速推广开来。乔治王子郡的居民区几乎每家都配备了 30 ～ 40 m² 的雨水花园，统计表明，其建筑成本是很小的，但是却处理了当地 75% ～ 80% 的地表径流。

如今，美国雨水花园设计最为成功的典型代表要数西北部城市波特兰市。波特兰市是美国俄勒冈州最大的城市，位于哥伦比亚河和威拉河的交汇处。波特兰市雨量充沛，每年几乎有九个月时间会下雨。因此，每逢大雨时节市政排水管道的压力很大。当地的环保人士、决策者、建筑师等针对这一情况开始大力发展雨水花园项目，旨在提高雨水下渗率，防止城市下水道超负荷运行所带来的安全隐患，同时改善排入河流的地表径流的水质。通过大量的研究和实践，波特兰市设计出了高效可行的雨水花园体系，设计中通过一系列的浅滩、小瀑布和水堰形成串联的水池，使得暴雨来袭时急速的水流能够通过一级一级的水坝汇水或是从不同层级水池跌落后将动能转换成势能，降低流淌速度。在降低速度的同时增加了水与泥土的接触时间，创造了更加有效的下渗条件。同时注重植物的使用，这成为波特兰市雨水花园设计更为生态自然的关键点。在他们的设计中精心挑选和大量使用了许多适合雨水花园环境的植物，这些长在鹅卵石和碎石缝中间的植物不仅添加了雨水花园的自然气息，大大提升了其景观效果，还具有吸收有害污染物，过滤马路上、人行道上、广场上冲刷下来的油污、尘埃等污染物的作用。同时植物的根系能够将碎石和砂土牢牢地固定住，防止雨水冲刷引起的水土流失和土壤层松动。

波特兰市涌现出不少优秀的雨水花园实践项目，早期的一个非常成功的案例是俄勒冈州科学工业博物馆的停车场。景观建筑设计师穆拉色（Murase）和他的团队设计了具有渗透功能的雨水花园，这种开创性的思维和模式开始被波特兰市其他地方效仿。格伦科小学（Glencoe Elementary School）校园内的雨水花园也是一个优秀的实践例子，该雨水花园占地约 232.25 m²。雨水花园主要处理来自学校屋顶的集雨和学校车道以及部分城市路面汇集的径流。雨水花园中前池正常积水设计深度为 2 in（1 in=30.48 cm），弧形的石头坝设施有助于径流均匀地穿过雨水花园，促进雨水的下渗。考虑到公众安全问题，雨水花园最大积水深度为 6～8 in。雨水花园内的植物选择了当地的本土植物，容易生长，后期维护少，并且净化效果良好。

格伦科小学校园的雨水花园不仅处理了学校中的雨水径流，还允许部分市政用水流入该雨水花园用作教学演示之用，以便向人们推广和普及雨水处理的过程和重要性。它被认为是一项优秀的设计，吸引了不同人群来到学校参观和学习，同时也得到了波特兰市政府的推广和支持。

除了波特兰市的雨水花园，更应该引起我们关注的是美国的雨水管理政策。美国的雨水管理政策主要分为两个方面，第一个方面是雨水排放许可。美国暴雨排放许可证（NPDES）的颁发会考虑排放场地的位置、工业或者建筑活动性质、排放水体的水质等方面因素。结合不同情况，许可证上会注明持有许可证者在排放雨水时所需要采取的措施，同时如果分流管道的使用者按照要求没有领取排放许可证或者没有达到许可证上的要求而排放雨水的话，将被追究相应责任。

美国环保局将建筑活动归为与暴雨排放相关的工业活动之一。排放许可证的发放主要按照建筑活动的影响范围来要求，并且在排放的两个阶段要求不同。

第二个方面是雨水排放收费机制。在发放雨水排放许可证的同时，美国各州也建立了雨水收费机制，比如，华盛顿州的奥林匹亚市从 1986 年开始征收雨水排放费，分为居民区和非居民区两种类型征收。居民区每一个居住单元每月收 4.5 美元的雨水排放费，每个居住单元为 2582 m²。非居民区要收取管理费、水费和径流水质费，每月价格分别为 8.44 美元、1.49 美元 × 居住单元个数，4.13 美元 × 居住单元的个数。

如此详细的政策管理使得美国的城市设施使用者、工程建设者和工业生产者们无论是从法律上还是经济成本上都不愿随意排放雨水，而是致力于寻找更有效率和更经济的雨水处理办法，这一过程大大促进了雨水花园这样的生态环保设施的研究、发展和实践。

（三）雨水花园在国内的发展

我国城市雨水利用起步于 20 世纪 80 年代，近些年来随着国家经济发展和人们生态环保意识的提高，在北京、上海、大连、哈尔滨等一些城市相继开展了研究，并取得一定成果。

北京市已建成雨水利用工程 1200 余处，2008 年全年实现利用雨洪水 4500 万 m^3。在雨水花园方面，北京建成的一些项目具有一定代表意义，奥林匹克森林公园中心区项目就是很好的例子。公园主轴线以及周围硬质铺装面积比较大，因此设计者在这一区域广泛使用了透水铺装，并且在部分绿地和树池区域引入了雨水花园的理念，使用了透水垫面使降雨更能够入渗到地下而不是直接流入下水道。这一过程中垫面对雨水进行了过滤，下渗的雨水由渗滤沟导入收集池，同时收集池与灌溉系统相连，从而可以使用其中收集的雨水为公园内绿地浇灌。

上海辰山植物园中的雨水花园系统是另一个优秀例子。由于辰山植物园景观水体中的氮、磷以及其他金属和重金属超标，这种情况容易引起植物园内水体短期内出现藻类大面积爆发性增长的情况，水体也会散发出异味。为了净化水体，辰山植物园采用了雨水花园技术，在环绕植物园的绿环和温室屋顶等地方设置雨水花园，使得降水时雨水能够回灌和下渗到地下铺设的渗透管，然后将雨水汇集到蓄水池中。同时，经过雨水花园腐殖土层、植被层和透水层的层层净化，收集的雨水中地表有机污染物（COD）、Hg 等重金属，以及通过大气进入雨水径流的降尘、酸雨和氮氧化物等含量显著下降。这一措施使得植物园利用雨水补充了水源、改善了园内水体质量、节省了大量的资金，同时优美的雨水花园设施发挥了出色的生态景观效益。

尽管近年来国内关于雨水花园和城市雨洪控制的研究和实践越来越活跃，但是由于社会重视的力度和研究的深度不够，我国无论是在政策法规层面还是在雨水利用技术和实践方面都落后于西方发达国家，没有能够形成规模性的、成熟的雨水管理利用理论和实践体系，目前主要是通过直接借鉴国外的经验进行配套设施的建立和方案实施。

当前，我国已建成的包含雨水花园技术的工程项目主要以国家、政府为背景的大型工程为代表，如北京奥林匹克公园、上海世博园、哈尔滨雨水公园等。值得注意的是，这些项目中虽然也引进了当前国内外的雨水花园技术，能成功地收集、净化雨水，消减雨洪，管理雨水资源，但是由于其地位特殊，代表性和特立性较强，并不能够大范围推广，对于整个城市的雨水利用发展只能是象征性的点睛之笔而难以发挥规模效益。而城市公园、建筑、道路、居住区、商业街等更加普遍的城市环境迫切需要雨水花园技术的介入，因为城市雨水资源管理和利用并不是只有几个代表性的市政项目或者园林绿地就能够使其朝着可持续的方向发展的，而是应该找到一种适合自己发展的模式推广开来，形成规模效应，才能够对我们城市生态化的雨水利用起到积极的作用。

二、雨水花园的类型

（一）径流量控制型

此类型的雨水花园首要任务是降低区域内雨水径流量，常常设置在地表水质相对比较好的地方，比如，在建筑旁、比较干净的街道旁、居住区居民的庭院内等。由于净化的需求不是很大，因此此种类型雨水花园在园林景观营造上可以获得更大的效果，同时结构相对简单、造价低廉、后期维护管理方便，是非常理想的雨水花园形式。

控制径流的雨水花园可以进一步分为完全渗透型和部分渗透型两种。完全渗透型雨水花园重在针对该地区的城市雨洪控制与地下水的补给，要求使用的土壤具有良好的透水率，雨水花园的设计渗透能力需要不小于区域内的暴雨强度，下渗率需大于 30 mm/h，所滞留的雨水不应该超过 1 h。

部分渗透型雨水花园能够渗透大部分流入其中的雨水径流，小部分雨水流出雨水花园后进入城市排水管道排走。这样经过雨水花园的作用后，地面径流的水量减少，流速得到充分的削弱，可以有效避免形成洪峰以及城市排水系统饱和。如果与雨水收集设施结合，则可以将没有下渗的那部分雨水收集起来储存利用。因此，部分渗透型雨水花园应用更加灵活、适用性更高。

（二）径流污染控制型

此类型的雨水花园在雨水收集过程中更加强调对雨水水质的净化作用。因为如果降雨水质污染严重却直接下渗到地下水或者排到城市管道中，最后进入河流水体的话，无疑是将城市的污染带入了自然水循环过程，污染浅层地下水体和河流水体。

因此，在市中心、城市核心广场、城市工业区工厂周围等地适合设置径流污染控制型雨水花园。由于强调了净化功能，所以设计者需要更加认真地考虑植物的物种组成和土壤的选择以及底层设计。径流污染控制型的雨水花园可以分为完全收集和部分收集两种类型。

完全收集型的雨水花园目的是尽可能地收集雨水，将其通过净化处理以后蓄积起来直接利用。这种类型的雨水花园适合建造在干旱、严重少雨的地区，对于这些地区来说减少雨水下渗、保证收集的水量和水质是第一位的。因此，完全收集型雨水花园应该配置储水设备，如蓄水池、储水缸等设备，同时应具备足够面积以便将雨水充分汇集。

部分收集型雨水花园同样是以收集雨水、控制径流污染为主，同时也结合部分雨水渗透功能或者雨水排放的雨水花园使用。这类的雨水花园适用于水源相对珍贵的地区。设计时结合降水量和计划收集雨水量综合平衡雨水花园集水面积。当收集雨水量达到目标量或者降雨量超过需求量时，多余雨水可以渗透到土壤或者溢出排放。

三、雨水花园设计原则

（一）低影响土地开发原则

低影响土地开发（LID）技术是指基于模拟自然水文条件原理，采用源头控制理念实现雨水控制与利用的一种雨水管理方法。由于模拟自然条件下发生的排水过程，它对场地的改造和对原有场地的破坏能够降到最低。其主要工程措施包括雨水花园、调蓄水池、植被浅沟与缓冲带、绿色屋顶等。

使用 LID 进行雨水花园设计时首先要做到的是仔细调查好原址的环境，获得可靠的一手资料，在对场地环境充分理解的基础之上从人与自然相互联系的观点和视角去思考雨水花园的设计。充分的场地认知涉及对需要建设区域的自然条件、环境状况、生物条件等情况的掌握以及对周围生活的居民意愿的采集、使用期望等调查，还包括利用原址的景观因素进行设计，而不是单纯的全体创新，另起炉灶。如果没有做到这一点，那么设计出来的雨水花园很有可能会因为与原环境格格不入而丧失整体性和协调性。

LID 原则还要求所建设的人工设施建成后只需要相对简单的维护手段就能够保证设施的正常运作。雨水花园的广泛适应性和生态性特点要求其设计和建造都需要满足 LID 原则。如果一个雨水花园后期需要耗费庞大的人力和维护资金才能保证其功能和景观效果的正常发挥，那么这样的雨水花园已经失去了其生态性和适应性。

（二）功能与景观并举原则

雨水花园首先应当是城市雨洪管理体系下的一种工程手段，具备相应的雨水滞留、净化、减少地表径流量、雨水下渗回补地下水或收集雨水再次利用等实际功能。但是雨水花园的特别之处在于它是以一个小型生态群落的形式结合人工建造来实现生态功能的，这就要求其在满足使用功能的同时也要满足一定的审美要求。如果单纯地只满足功能而忽视了景观效果，那么雨水花园的意味就少了许多，与普通渗透绿地无异。如果过分强调景观效果而没有满足功能需求，那么雨水花园就变成了普通花园绿地，失去了其在雨水管理过程中的意义。

对于控制径流污染为目的的雨水花园来讲，考虑到其水中污染成分比较多，水可能会有难闻的气味，如果排水不畅还容易滋生蚊虫，一般来说不太适合人们近距离接触。因此，控制径流污染的雨水花园以功能为主，以景观来辅助功能。而控制径流量为目的的雨水花园则可以通过加强园林景观塑造、丰富植物配置，形成赏心悦目的园林景观，创造出优美舒适的城市环境。

（三）安全原则

安全原则之一是要保证雨水花园的建造不会对周边建筑或其他重要设施的结构、防水等造成影响。只要是建造雨水花园就必须考虑到其附近建筑物的防水问题，要调查好周围建筑和场地的排水系统后再进行设计。因为雨水花园有收集、渗透雨水的功能，下雨时会是一个水量集中的地方，所以如果不注意考虑安全条件的话，可能会导致下雨时建筑地基被浸泡，时间久了可能还会破坏建筑结构，导致建筑倾斜甚至坍塌。二是从雨水花园自身的安全角度考虑，如果在设计建造时考虑不周，比如，在土壤渗透性不好的基地选择建设控制径流量型雨水花园，导致本应该迅速下渗或者溢出的雨水长时间在花园内滞留，则可能会因为浸泡时间过长而导致雨水花园结构层的损坏。

四、雨水花园建造技术

（一）雨水花园的结构

雨水花园主要的结构由 6 部分组成。

1. 蓄水层

蓄水层是雨水花园的最上面一层，雨水会在此汇集、沉淀，这一层的高度一般以 100 ～ 250 mm 为宜，但是随着周边地形和设计的不同会有相对变化。

2. 覆盖层

覆盖层常采用树皮进行覆盖，深度以 50 ～ 80 mm 为宜。它有保存土壤湿度的功能，可以防止表层土壤因为缺乏水分而硬结从而降低雨水下渗性能。不仅如此，生长在树皮和土壤之间的微生物可以降解水体中的有机物，净化水体。同时覆盖层还能防止径流直接冲刷下层土壤。

3. 植被及种植土层

种植土层主要是发挥过滤和吸附的作用。雨水花园中植物根系在此吸附渗透下来的水体中的碳氢化合物、金属离子、营养物等污染物质。种植土层选用渗透系数较大的砂质土壤为宜，要成分中应包含 60% ～ 85% 的砂、5% ～ 10% 的有机成分，同时黏土含量不超过 5%。土层厚度根据选用植物类型而定，当采用草本植物时一般厚度为 250 mm 左右、灌木需要 50 ～ 80 mm，乔木则需要在 1 m 以上[①]。

4. 人工填料层

人工填料层需要选用渗透性较强的天然或人工材料，其厚度应根据当地的降雨情况、雨水花园的面积等确定，多为 0.5 m。当选用砂质土壤时，其主要成分与种植土层一致。当选用炉渣或砾石时，其渗透系数一般不小于 10.5 m/s[②]。

5. 砂层

在填料层和砾石层之间铺一层 150 mm 厚的砂层可以防止土壤颗粒堵塞下一层的穿孔管，同时砂层也具有通风的作用。也可以用土工布代替砂层保护下面的砾石层，但是其缺点在于土工布容易被堵塞。

6. 砾石层

砾石层由直径不超过 50 mm 的砾石铺成，厚度 200 ～ 300 mm。在其中可埋置直径为 100 mm 的穿孔管，经过渗滤的雨水由穿孔管收集进入邻近的河流或其他排放系统。

（二）雨水花园的场地选择

雨水花园的建造场地应当充分考虑周边环境，在选择场地过程中需要注意以下方面。

①雨水花园建造地点应该是在地势比较低但没有长期积水的地带和雨水径流可以流经的区域。地势较低则可利用雨水在重力作用下流入花园，方便对雨水的收集和下渗。但如果是经常积水的低洼地则表明该地土壤渗透性不佳，需要人工改造土壤。雨水花园附近区域的坡度应小于 15%，避免滑坡产生和减少土方量。

②雨水花园与建筑应该保持至少 3 m 远的距离，避免渗水影响建筑地基，造成安全隐患。

① 向璐璐，李俊奇，邝诺，等 . 雨水花园设计方法探析 [J]. 给水排水，2008（6）：47-51.
② 毕翼飞 . 许昌市绿地雨水花园的营造探究 [J]. 绿色科技，2016（19）：37-38.

③雨水花园适合设置在经常能够被阳光照射的地方。一方面如果花园处在阴暗潮湿处，那么短期内容易滋生蚊虫，花园内积水也容易变质散发不良气味；另一方面日照不够也会影响植物的生长情况，从而影响雨水花园的功能发挥和景观效果。

④雨水花园不适合设置在有严重水污染源的地方，因为雨水花园的净化功能只是针对雨水和城市地表径流，净化能力有限。如果设置于严重污染源附近，雨水花园收集的雨水也不能直接利用，下渗后同样具有污染性，同时花园中的植物生长也会受到影响。

（三）雨水花园的坡度和深度

控制径流量型的雨水花园主要强调雨水的下渗性能，绿地面积可相对大些，这样可以增加雨水与地面的接触面积从而更快下渗。绿地适合采用较小坡度设计，因为缓坡可以降低地表径流量，同时也能降低雨水的汇流速度，从而增加雨水渗透的时间。如果地形较陡，可以使用跌水方式分层处理，在每一层上平整地形以达到减缓径流和延长渗透时间的目的。

控制径流污染型雨水花园周围需要具备一定的坡度，并且沿着坡向设计汇水线，将雨水有效地引入雨水花园。同时雨水花园内坡度也应当陡缓结合，能够形成雨水汇集面让雨水短暂停留从而与植物、土壤等充分接触，达到净化的目的。

在设计雨水花园坡度和深度的时候应当将土壤情况纳入考虑范围，不同的建造坡度和土壤状况需要不同的深度，可参考表 6-1 的数据。

表 6-1 坡度与深度的关系

项目	坡度 /%	深度 /cm
数值	＜ 4	7.6 ～ 12.7
	5 ～ 7	15.2 ～ 17.8
	8 ～ 12	20

（四）雨水花园的溢流设施

雨水花园有一定的蓄水量，但是如果雨水超过了其蓄水量时，多余的水就需要外溢或排走。对于空旷地带，比如，公园、郊区、私人绿地庭院等处的雨水花园，多出的雨水向四周溢出后会流进附近下水道，雨水花园内不需要再建造雨水设施。但是如果雨水花园所处位置不方便多余的雨水向四周溢出，比如，在城市街道旁、商业步行街中、校园中这些人流较多、活动较丰富的区域，就需要在雨水花园中加装溢流装置，使得雨水在雨水花园中溢出而不再回到道路上，这样就不会对周围环境造成影响。溢流装置安放在雨水花园的中部比较科学，高度与最大水位一致。

（五）雨水花园的维护

1. 防堵塞

雨水中的杂物会停留在表层覆盖层上，堵塞雨水下渗，造成积水难以消除（若雨水在蓄水层滞留 2 天而不继续下渗，则表明已经堵塞）。一旦出现这种情况，需要人工将水排出并且清理表面沉积物，恢复雨水下渗功能。

2. 防干旱

我国北方和西北属于干旱少雨地带，随着全球气候变暖，干旱灾害越来越频繁发生。如果遇到长时间干旱天气则需要浇灌雨水花园中的植物以避免其枯萎死亡，同时雨水花园内土壤也需要浇灌润湿，避免龟裂影响到雨水花园的其他结构层。

3. 防冻害

如果雨水花园建在寒冷地区，冬季应需要做好防寒措施，避免植物被严冬冻死或冻胀导致雨水花园结构损坏。

4. 植物的综合护理

雨水花园中的植物应该选在春季种植，有利于植物的成活。在种植初期如果遇到暴雨，最好人工调节一下雨水花园的水量，避免新种植物被暴雨冲刷和浸泡，这样可以让植物在生长过程初期有足够时间将根系扎深、长牢。雨水花园一般会选择生长较快的植物种类和多种类型的植物进行种植，适当密植会提高净化效果。但是在小型雨水花园当中如果植物生长的过密则会造成植物之间相互争夺养分、生长空间、日照等情况，以及强势物种越长越多而弱势物种越长越弱，最终破坏雨水花园植物搭配种植的意义，打破其小环境内的生态平衡，所以定期的除杂草和植株整理维护必不可少。

以上雨水花园的维护手段可以定期进行，但是每逢暴雨或者连续强降雨过后，也应该对雨水花园进行检查和维护，主要查看雨水花园的表面覆盖层被冲刷的情况以及植物是否有倒伏等损害，从而及时替换被冲刷掉的表面覆盖层和清理被破坏的植被，保证雨水花园处于正常状态。

五、雨水花园的应用

（一）雨水花园与绿色基础设施

20 世纪 90 年代，美国提出了绿色基础设施这一概念。美国规划协会将绿色基础设施定义为："它是一种由诸如林荫街道、湿地、公园、林地、自然植被区等开放空间和自然区域组成的相互联系的网络，能够以自然的方式控制城市雨水径流、减少城市洪涝灾害、控制径流污染、保护水环境"。提出绿色基础设施的概念是为了和城市规划中所含的"灰色基础设施"（如下水道、地下管线等）以及"社会基础设施"（如学校、医院等）相区别。它被视为可持续发展战略的一个重要部分，其内所有内容的建设目的都是使绿地"网"综合发挥生态作用。

从绿色基础设施的定义中可以看出，控制城市雨水径流、减少城市洪涝灾害、控制径流污染、保护水环境是其重要的目的。结合近几年来发达国家所提出的"低影响开发技术"，美国西雅图市的公共事业局又进一步提出了"绿色雨水基础设施（GSI）"。按照西雅图公共事业局的定义，绿色雨水基础设施包含了雨水花园、屋顶绿化、植被浅沟、渗透铺装、雨水塘／雨水湿地、植被缓冲带、多功能调蓄设施等。

由此可见，雨水花园完全符合绿色基础设施的定义，美国环境保护局直接将其认同为绿色基础设施的重要组成部分，从它的功能、价值和属性来看无一不体现出绿色基础设施的核心概念。因此，雨水花园作为其重要组成部分，在城市建设之中可以向着体系化和网络化的方向发展。

（二）雨水花园的应用方向

按照绿色基础设施发展的要求和雨水花园生态的属性以及其对雨水处理的功能的特点，雨水花园在一个城市中应当是成系统、成网络地发展才能使其最大限度地发挥功能和价值，城市园林绿地系统范围内是雨水花园的主要用武之地。不同的城市绿地有不同的属性，这也就意味着雨水花园在发展的同时需要具有不同的适应性，要符合目标区域的特性和需求。

城市园林绿地类型总体上分为附属绿地和公园绿地两大类，每一类当中包含了若干类型的城市绿地。需要提出的是，并不是每种绿地类型都适合或者需要引入雨水花园。例如，附属绿地中的工业用地绿地、仓储用地绿地、城市对外交通绿地、特殊用地绿地（如军事设施用地）、生态景观绿地等，这些区域多布置在开阔的空间范围内，其绿地的面积和所占比例往往已经能够很好地满足雨洪控制的需求，雨水径流能够在这些区域内自然地消耗掉。

因此，无须在这些区域再专门设置雨水处理设施。另外，对于公园绿地来说，其本身就是具有一定规模的生态系统，如果要将雨水花园应用到其中的话需要注重的不是单一的雨水花园建造和使用，而是应该将雨水花园的技术和理念结合公园绿地自身条件来综合进行雨洪管理。

1. 附属绿地中的应用

雨水花园在附属绿地中的应用主要集中在公共设施用地绿地和道路绿地当中。

（1）公共设施用地绿地中的雨水花园

建造在公共设施用地绿地中的雨水花园主要解决的是这些区域内公共建筑周边的雨水处理需求，因此可以把研究重点放在建筑及其周边区域内。城市建筑具有很大的雨水处理需求，建筑本身作为一种城市设施就具备处理雨水的潜力，目前发展比较成熟的是通过屋顶绿化的方式来实现对其雨水的利用。经过绿化处理后的屋顶可以吸收、截留雨水，由于屋顶不能够下渗雨水，因此屋顶绿化通常与其他集雨设备配合储存雨水。如果建筑进行了屋顶绿化处理，那么它收集的雨水可以通过管道收集后流入周边雨水花园进行净化、下渗或者净化后储存起来。如果没有进行绿化屋顶处理，那么建筑周边的雨水花园也可以发挥收集、净化、储存的作用。与此同时，雨水花园还能够起到调节建筑周边温度和美化建筑外环境的功能。

在建筑周边的绿地往往代表着建筑使用方的形象，也影响着建筑周围的环境品质，建设雨水花园时可以考虑以下方面的因素。

①雨水花园的设计应当和建筑空间布局、体量形态相呼应，使得花园景观能够融入建筑整体环境之中。

②可以考虑利用设计划分城市空间，利用地形、植物等为建筑提供空间限定。

③附属绿地的园林景观效果直接参与到城市整体界面中，因此景观效果需要达到一定要求。

④由于是建筑附属绿地，市民游览和接触的概率较大，因此可以考虑适当加入具有参与性的园林景观项目。

⑤建设雨水花园时应当留足交通空间，不能妨碍公共交通和阻挡行人流线。

⑥结合周边环境建立供市民停留、休息的设施，满足人们的需求。

⑦注意雨水花园功能的发挥，避免长时间积水造成水体变质、滋生蚊虫，

同时注意不要使用有毒植物或者容易引起人体过敏的植物。

美国波特兰市塔博尔山中学雨水花园是建筑附属绿地雨水花园建造的优秀例子。塔博尔山中学雨水花园在 2006 年夏天建成，它在雨洪管理方面的开创性和实践性经验为其迎来广泛好评。

塔博尔山中学雨水花园是利用学校教室所围合的一处闲置的停车场来改建的。它紧挨着教学楼，与建筑之间的联系十分紧密。在雨水花园建成之前，由于停车场的沥青地面导致教室内在夏季气温偏高，同时由于停车场内空空荡荡，也使得这一紧邻教学楼的区域使用率很低。通过设计师的巧妙构思将这一被人忽略的空间转变成了一处让人心旷神怡的绿色花园，吸引着人们来此活动和交流。

花园虽然面积不大，但是建造使用的材料却相对丰富，植物、砂土、砾石、绳索等元素之间搭配协调。多条雨水管道将屋顶的雨水引入雨水花园中部两英尺（1 英尺 =30.48 cm）宽的砾石长廊里，这个长廊在没雨的时候将花园两端连通起来，在有雨时可以让人们欣赏到雨水汇集和进入花园的过程。园中的植物都选用本土短期耐涝的、具有观赏性的植物。

塔博尔山中学雨水花园向我们展示了小范围内建筑附属绿地中雨水花园的应用。另一个具有代表性的案例则是大范围公共建筑周边运用雨水花园技术的典范，它就是德国柏林波茨坦广场。设计师赫伯特·德莱赛特尔借助雨水花园的建设来解决这一高楼林立的商业建筑区内所面临的生态环境问题。

因为柏林市水位比较浅，所以城市建设部门要求商业区不能对地下水造成影响。因此，在建造时波茨坦广场上所有能够绿化改造的屋顶都建成了屋顶花园，利用它们来收集建筑屋顶的雨水，增加雨水蒸发量，防止雨洪形成。不能收集雨水的屋顶都有雨漏管引导雨水到达地面，进入地下蓄水池中。蓄水池内设有水质自动监测系统，水质达标的雨水通过水泵直接输送到广场区域内的绿地或者排入地下进入水循环，水质不达标的雨水则由水泵输送到广场周边的雨水花园中进行净化，通过基层、植物等的作用降低雨水的污染程度之后再作他用。

波茨坦广场内的雨水花园在净化效果方面十分出色，它有效地利用了雨水花园中形成的生境，通过自然生态的方法大大减少了雨水中的富营养物质和有机颗粒。再结合外部出色的水景设计，使得整个系统在运作的过程中既完成了雨水的处理，又营造了优美的景观，在这里利用雨水花园净化后的雨水创造的水景得到了很高的评价。波茨坦广场的雨水花园群落生境已经运作了 10 年左右，这充分证明了它的可持续性，同时广场每年维护需求很少，真正做到了雨水花园的粗放管理。

（2）道路绿地内的雨水花园

雨水花园运用到城市道路中，就不能不提"绿色街道"这一概念。发达国家很多城市把绿色雨水基础设施理念结合低影响开发技术运用到城市街道的建设和改造当中。美国最早提出绿色街道这一概念，并且已经进行了不少的实践。按照美国所提出的"绿色街道"概念，绿色街道是在城市道路设计当中加入绿色雨水基础设施，结合低影响开发技术，控制雨水径流量和减少雨水排放。与此同时，也能降低城市局部温度、提升道路园林景观、改善街道空气质量，将城市道路建设产生的影响降低到最小。

直观地讲，利用雨水花园的生态方式来收集、渗透、净化、处理城市雨水的街道，就可以被称作绿色街道。

将雨水花园技术运用到城市道路中能有效地减轻市政排水的压力。需注意的是，它应当是与市政排水相结合的，而不是完全取代后者。其应用形式多种多样，可以在道路绿化隔离带、道路边沿、人行道上等处进行改造和建设，也可以在停车场、交通绿岛等处进行运用。雨水花园在将雨水径流截留、渗透的同时，也可以减轻道路绿化灌溉用水的压力，同时也能丰富道路园林景观的内容和形式。

道路绿地内的雨水花园在建造时应该考虑以下方面因素：

①顺应道路坡向设计，将雨水花园设置在路面径流汇聚的方向处。

②考虑交通因素，不能阻碍交通流量和隔断交通方向。

③尽量与道路范围内设施结合，比如，与行道树种植池、绿化隔离带等设施相结合。

④保证雨水花园的生态性，管理的粗放性，要能适应道路中复杂的城市环境。

⑤注重景观质量的提升，营造优美的道路环境，恢复道路的活力和优势。

美国北卡罗来纳州的海因波特的雨水花园在道路中的运用比较成功。该城的雨水花园计划主要是和房地产项目结合开发，全市大约有 250 个大大小小的雨水花园，大多数设置在住宅区路边。这些雨水花园造型各异，种植各种形态美观、色彩鲜艳的雨水花园植物，使得每一条拥有雨水花园的道路都成为市民乐于步行和交往的城市空间，恢复了街道应有的活力。

海因波特的雨水花园大多是当地居民自己建造的，因此雨水花园形式多样、造型灵活。虽然是私人建造，但是雨水花园的雨水处理效果一样十分理想，根据该市的统计，每个雨水花园平均能够截留流进其内 50% 以上的雨水径流，同时减少 30% 的径流污染。

美国格林斯堡的主街重建也是一项出色的案例。格林斯堡是位于美国堪萨斯西南的一个小镇。2007 年 5 月，EF-5 号飓风毁了小镇 90% 的建筑物，台风过后，城市开始重建，重建过程中主街的重建项目首先启动，项目中将生态理念和雨水花园、新型材料等元素纳入设计范围。

格林斯堡地势平坦，年降水量仅为 22 in（约 671 mm）左右。设计中使用雨水渗透池的形式来管理雨水。渗透池包括 6 in（15.24 cm）汇流区，雨水在此汇集后下渗到地下并通过土壤初步过滤，继而通过输水管流入埋藏在地下的 8 个蓄水池。同时，绿地喷灌系统和这 8 个地下蓄水池相连，由放置在渗透池下的潜水泵驱动工作，直接利用蓄水池中收集的雨水来浇灌绿地和植物，蓄满一次水能够在旱季提供 6 周的浇灌水量。

格林斯堡的道路绿色设计为本市其他重建项目提供了范本，同时也成了其他城市道路绿色工程的典范。

2. 公园绿地内的应用

随着雨水花园理论和实践的发展，其尺度也在不断增长，但是可以确定的是雨水花园的面积不会超过城市公园，它只能是公园绿地的一部分，只不过现在随着建造技术的成熟雨水花园的规模正向着公园尺度拓展。开放绿地内的雨水花园同样具有调节雨洪、净化雨水的作用，由于规模上的优势其功能效果的发挥更加的明显。

公园绿地内具有变化的地形、丰富的植物，有些公园还有湖泊、河流、人工湿地等，其自身就是一个生态系统，能够通过自己的生态属性去整体实现雨洪管理。在公园中应用雨水花园技术，从某种程度上来说是将雨水花园与自然绿地、湿地、水体、透水材料等元素相配合，从而综合提高公园绿地的生态性能。总结起来说，雨水花园在公园绿地中的应用可以注意以下方面问题：

①公园内雨水收集方式不仅仅局限于雨水花园一种形式，可以将雨水花园视为其中的一部分，将其技术结合已有设施和现状环境综合利用。

②充分利用公园的植被优势，结合地形设置雨水花园，多利用地形和植被来减少地表径流、吸收雨水、净化水质。

③多使用透水材料，增大公园内除了雨水花园、普通绿地之外的渗透面积，利用公园作为城市开放空间的特点，使其成为城市内雨水下渗、补充地下水的核心区域。

④可以将雨水处理的过程变得更有意思。公园绿地有足够的空间设置，更有创造力和乐趣的园林景观设施，也可以建造更为复杂的结构，因此可以考虑加入喷泉叠水、光电效果、音响效果等内容，既能提升园林景观的品质，也能丰富公园的活动内容。

美国波特兰市的坦纳斯普林斯公园是一个优秀的案例。坦纳斯普林斯公园位于波特兰的一个繁华街区，该基地在被开发为工业用途之前原本是一块湿地，被坦纳河从中划分开来，与宽广的威拉麦狄河相邻。铁路站和工业区首先占用了这片土地，并伴有场地排水要求。

公园设计充分利用了基地地形从南到北逐渐降低的特点，收集来自周边街道和铺地的雨水。种植的植物种类、从坡地的高处到低处的水池分布的变化，反应的是基地土壤含水量从干到湿的变化过程。收集到的雨水经过坡地上植物过滤带的层层吸收、过滤和净化，最终多余的雨水被释放到坡地下方的水池中。

另外，公园在传统的湿地基础上，还被赋予了现代的元素：如横穿水池的曲桥和由象征波特兰往日城市肌理的旧铁轨所组成的波形艺术墙，这些艺术作品将场地与当地的文化历史紧密联系起来，人们能够从情感上与之产生共鸣，从而使他们对这块经历过改变的场地倍感亲切。坦纳斯普林斯公园以其独特的生态特色和出色的景观魅力成为当地广受欢迎的开放公园，周围市民将其作为活动、聚会的地点，人们的交流往来使得这片绿地更加富有生机。

雨水花园技术的应用可以拓展到一个区域甚至是更大的尺度中，如美国科罗拉多州奥罗拉市的叙普河治理就是一个成功的例子。随着城市的发展所带来的环境破坏，位于奥罗拉市城郊的叙普河成为附近区域的主要污染源，每到雨季，大量含有高浓度磷元素的雨水径流从四面八方汇入叙普河当中，造成河中鱼类大量死亡，同时也对生态和休闲用水造成严重破坏。

叙普河项目的目标是将汇入河水的雨水径流中的磷含量消减一半，为此设计团队运用一组雨水生态处理系统来应对地表径流。

雨水生态处理系统由池塘和湿地组成，在暴雨期间，大部分的磷被池塘上部的湿地去除。湿地生态系统中种植了能够吸收污染物的香蒲和柳树，能够消除水中的磷以及其他污染物，加上池塘的沉淀作用，不少悬浮颗粒也被滞留下来。

整个叙普河段中设置了 6 个这样新月形的雨水处理系统，每个系统由几级下降结构保护，当雨水径流从四周汇向系统时，水从各个阶梯状结构跌落的过程中消耗了动能，从而速度得到减缓。据统计，该设计能够将洪水和小型降水形成的径流速度分别降到 0.9 m/s 和 0.09 m/s。

下降结构顺应了河岸的高差变化，所使用的建造材料为沙子和土壤混合波特兰水泥，这种混合物依次叠放在河床上形成 2.4 m 左右高差的阶梯。阶梯在减缓径流速度的同时也保护了所在区域河床两边土壤不被侵蚀。

（三）国内雨水花园的发展应用

1. 国内外发展雨水花园条件的区别

按照国外的经验和路线来讲，雨水花园的应用与发展应当是以绿色基础设施建设内涵为指导，通过在附属绿地、公园绿地中的不同应用形式，与公共设施（点）、城市道路（线）、公园绿地（面）相结合，相互配合、综合发展，形成网络体系以后，才能够涵盖多种城市环境，对整个城市雨洪管理体系功能的发挥起到全面而理想的作用。但是这种国外已经发展得很好的雨水花园的建设模式是不是能够直接照搬到国内来使用不能一概而论。

以雨水花园发展较好的美国来说，其城市建设的情况和国内就有很多不同，具体的差异已经有不少学者进行过对比研究。其中的一些方面能够直接影响雨水花园在城市中的发展应用，在此以美国代表城市波特兰市和我国北京市作对比，以此来分析两国城市发展雨水花园条件的差异。

首先，波特兰市拥有良好的城市规划基础。20 世纪 70 年代波特兰市开始现代化大都市建设进程，其规划成就被美国城市建设专家评为"大都市治理的典范"和"精明增长"的典型。科学的城市规划和先进的土地利用政策为该市打下了良好的发展基础，因此在应用雨水花园的时候能够很好地进行改造和建设。

其次，波特兰市人口少。根据可查到的数据显示，2005 年波特兰市市区统计人口为 556370 人，整个波特兰大都市地区的人口约有两百万人。人口少就意味着城市资源相对丰富、城市用地宽松、人为影响破坏因素小、方便雨水花园用地的选址和后期维护。

最后，历史因素影响不多。波特兰市 1851 年正式建市，一直以港口城市的地位在发展，发展建设自由而充满朝气。

对比北京市的情况：辐射状的城市布局并不科学，城市用地紧张，中心城区建设面积趋于饱和，市民住房都难有地块满足，更不用说是特别开辟一处区域来修建具有一定规模的雨水花园；人口众多，常住人口超过 2000 万，还有数量众多的流动人口，交通拥挤，城市环境不佳；不少区域城市卫生状况堪忧，如果建设雨水花园卫生条件得不到保证，下雨天更是会成为垃圾汇集点，需要经常性的清洁维护才能保证雨水花园的正常状态；还有最为重要的是，北京市有超过 3000 年的历史，多个朝代曾在此定都，城市格局难以有大的变化，漫长的历史使得城市中有许多具有历史重要性、政治敏锐性的区域不能改造和重建，因此城市结构很难再重新统一规划。加上各种各样的原因导致区域发展不平衡，比如，东城和西城区的基础设施建设肯定优于丰台、昌平等地区，如果建设雨水花园的话也不能够大规模以一个标准统一全市推广。

以上对比分析可以看出，北京市作为国内一线城市，如果按照和国外一样的标准来思考雨水花园的发展方向，存在着明显的不利条件。那么这就意味着，雨水花园在国内的发展与应用需要更加切实地结合本国国情来考虑。

2. 立足国情，制定方向

根据国内学者研究表明，雨水花园的建造在国际上没有一个统一的规定，除了德国国内有统一的政策法律外，其他国家都在各州或者各市市有自己的执行政策。我们国家面积广大，水文地质条件复杂，城市发展的程度相差也大，因此更应该结合我国国情制定和完善我们国家自己的政策规范，着眼处理国内的实际问题，而不是一味照搬国外理念。

在完善理论研究的同时，也要加强建设实践的探索，可以先在一些有条件进行实验性建设的城市，比如，北京、上海等发达城市进行研究实践。这些实践不应该仅仅局限在大型的、国家政府主导的重点项目中进行应用，而应该是真正地发挥雨水花园灵活高效的特点，选取一些适合或者亟须雨洪处理的地点大胆进行尝试，先从点做起，避免一开始就大面积盲目推广，成片建设。而应在实际建造和使用过程中发现问题、积累经验，然后再逐步推广。

3. 结合实际，选择对象

对于国内有能力发展雨水花园的城市来说，一上马就大挖大建，全面发展点、线、面雨水花园是不可能也是不可行的，作为推广应用的开始阶段，应该选择最需要运用雨洪管理技术的区域、最容易实现的建设形式来优先进行实践。结合本国国情和雨水花园的特点，从城市道路开始实施雨水花园的建造使用和推广是比较合理的。

（1）选择道路作为发展应用目标的可行性

首先，在城市道路中发展和应用雨水花园符合绿色基础设施建设的要求，也符合城市绿色街道的含义。当今时代，城市的发展必须要走可持续的道路，大力建设绿色基础设施是国内外都认同的发展方向。在城市建设中将雨水花园应用到街道的新建或改造当中有助于城市街道的可持续发展，符合当前的时代要求。

其次，一个城市的街道担负着城市的交通功能和满足市民日常生活的重要作用。它联系着城市的各个部分，维系着人们与城市的关系。道路本身、沿街建筑、街边绿化等等都是能够被人所感知的实物。城市的道路是城市的骨架，更是市民生活的纽带，人们每天的出行和活动都必然和城市道路发生联系，因此道路是真真正正的属于人的设施，它是人们生活的一部分。将绿色街道带入城市当中，或者将已有的街道向绿色街道转化，这一过程能够使得我们的绿色基础设施真真切切、实实在在地在城市的最基层开始发挥作用，而不是仅仅存在于几个刻意塑造的工程项目之中，作为范例而不能被推广。同时也使得市民更容易了解和接触到生态理念在城市中的使用，从而促进其发展和推广。

再次，城市中的土地使用权归属复杂，不同的建筑、设施、绿地、居住区等往往由不同的单位、企业、学校、个人管理和使用，这就使得在这些地方进行城市改造充满阻力。而城市道路作为市政设施，往往由城市的政府部门统一管理，因此在实施修建、改造的活动时具有更高的可操作性和可实现性。

（2）雨水花园应用到城市道路中的迫切性

我国城市道路存在着不少问题，其建设模式迫切需要进行改变和升级：

①道路雨洪处理压力大。随着城市快速扩张，街道面积、硬质铺装不断增加，当遇到较大降雨时地面形成的径流量和径流峰值成倍增加，这使得道路排水压力越来越大。当前我国城市道路排水系统的建设和更新速度远远赶不上城市扩张的速度，加上平时的管理和维护不到位，排水口被遮挡、下水道被堵塞等情况时常发生。这些情况都导致一旦遇到连续降雨或者暴雨就会引发严重的洪涝灾害，给社会经济和市民生命财产带来损失。

尽管国内不少城市市政设计部门已经开始考虑采用各种措施缓解洪涝问题，比如，北京市规划委员会将一般市政道路项目的排水标准提高到3年一遇，重要区域提高到10年一遇；同时在立交和易积水区域增设大型调蓄池，在"十二五"期间规划建设89座地下调蓄池，重点解决下凹式立交桥的排水问题。但是这些措施并没有改变暴雨在城市肆虐的局面。

②路面径流污染严重。道路雨水径流中的污染物种类多样，其来源包括市民所产生的垃圾、工程建设、空气中的污染物、汽车轮胎橡胶、冬季路面使用的防冻剂、汽车的汽油、绿化植物使用的肥料和杀虫剂等。污染物的化学成分主要可以分为以下几类：含有氮、磷元素的有机、无机化合物，金属离子，油污。而突然的降雨往往水量比较集中，短时期内形成污染浓度高的径流。

③雨水资源流失。我国城市每年用水缺口达60亿m^3。由于地下水超采引发的问题触目惊心。然而城市内的降雨绝大部分被排走，丧失了利用雨水补充城市水源的机会。

④道路环境的恶化。截至 2020 年底，全国公路总里程达 519.81 万 km。许多城市道路在建设时没有将生态理念考虑在内，带来了明显的负面影响：曾经为人们熟悉而又亲切的城市街道已经越来越远离市民，滚滚的车流、越来越宽的车道、嘈杂的噪声和浑浊的空气似乎已经改变了人们对它原有的记忆；不透水的路面阻断了雨水下渗，绿化不足加重了城市热岛效应；越来越宽的车道迫使绿地被占用、植物被清除，千篇一律的道路景观使得行走在其中的人们感觉到枯燥和乏味。越来越多的道路失去了其曾经拥有的魅力与吸引力，它们渐渐地不再是人们愿意停留和行走的空间，而仅仅成了城市中生硬死板的基础设施。

综合以上因素分析可见，在现今我国雨水花园建设还比较滞后的情况下，首先选择城市道路作为实践的目标是具有相当的可行性和迫切需要的。以下进一步以北京市为具体例子来进行说明。

对于北京市来说，将雨水花园应用到城市道路上同样是十分可行也是迫切需要的。北京市的城市道路普遍宽度较大，而且几乎每条道路都有长度不短的绿化隔离带。但是这些隔离带里种植的绿色植物除了绿化功能外没有任何其他作用，而且园林绿化局每年还要耗费大量的淡水来浇灌它们，保证它们的生长。对于北京这座缺水城市来说，这无疑是一个和居民抢水的行为，从某种程度上来说反而违背了这些绿化带应该有的生态本质。

因此，在这些长距离的绿化带中完全可以分区域、分段地进行雨水花园改造，这样的好处是：不会改变街道原有的面积和布局，如果需要加设雨水管理辅助设施，如溢流管或者蓄水箱等，也可以在不挖掘路面的情况下设置或者与已有市政管道对接，节约建设成本；方便发挥雨水花园的生态功能，进行雨水收集利用、节约淡水资源、减小城市绿化所需要的灌溉用水；北京街道绿化带的面积和普及程度可以成为雨水花园推广的有利条件。

在人行道上也可以进行相似的实践，将宽度较大的人行道部分用作雨水花园改造，既可以提升道路的景观效果，又可以检验雨水花园的各项性能和后期反应。因为北京人流密集，道路环境情况复杂，人行道上的雨水花园在建成后必将经受各种考验，其出现的问题正好作为以后建造的经验。如果能够很好地适应街道的环境，那么雨水花园的建造技术也能够推广到城市其他大部分区域，因此道路雨水花园的建造除了即时效益之外，还具有一定的战略意义。

第四节　植物冠层截留技术

一、冠层截留

（一）冠层截留概念

刘向东认为，落到森林植被中的降雨，有相当部分未到达林地土壤，而是暂时保留在林冠层、灌木草本层、枯枝落叶层，通过蒸发作用，返回大气中。这部分水量称为截留量，其大小取决于森林植被的垂直结构状况。于维忠认为，林冠截留是雨水在植物叶面吸着力、承托力、重力和水分子内聚力作用下的叶面水分储存现象。杨立文则认为，降落到森林流域的雨水，首先遇到林冠并产生林冠截留，使一部分降雨不能到达地表，而经过蒸发返回到大气中，成为无效降雨。

（二）最大冠层截留量

最大冠层截留量，是指在降雨的过程中，整片林冠层的吸水量全部达到一个极限值，即林冠截留量的极限值，是一个定值。

"最大冠层截留量"与"林冠的最大冠层截留量"并不是同一个概念，胡建忠对此有准确的论述。他认为"最大截留量"并非最大"林冠截留量"，在降雨很小时，其值可能偏大；当降雨量增加到一定程度后，其值越来越小于实际值。

研究植被的最大冠层截留量有助于林木、农业经济作物、草坪草等冠层截留的理论研究，测定其极限值。测定最大冠层截留量常使用的方法有"实地测定法""简易吸水法""理论推定法"。最大冠层截留量本身就是理论值，如果使用"实地测定法"测量，环境影响因子比重太大，所测得的结果不准确；"理论推定法"由于没有可靠的数据支撑，缺乏可信度；"简易吸水法"又称"浸泡法"，操作简单，环境因素的影响较小，是目前测定植物最大冠层截留量最常使用的方法。

二、植物冠层截留技术与降雨量的关系

研究发现，在植物生长的季节，川西亚高山地区的箭竹、岷江冷杉林冠层

截留量随降水量的增加而增大，并且降水量和冠层截留量呈线性相关关系。谭俊磊研究表明，林冠截留量随降雨量的增加在一定范围内是增加的，但是当林冠截留量达到最大值后，随着降雨量的增加，林冠截留量会有一个小幅度（约为 1 mm）的下降。但他又在后续补充说明，这个结论有待进一步证实。刘星霞对青海云杉林林冠截留与大气降水关系的研究也证明了林冠对降水的截留有一个极限值，但没观测到林冠截留量达到极限值后有小幅下降的情况。

三、植物冠层截留技术与降雨强度的关系

贾永正对苏南丘陵地区毛竹林冠截留与降雨分布的研究中发现，降雨强度是影响林冠截留的重要因素，低降雨强度对林冠截留效果影响显著，林冠截留率随降雨强度等级的增大而减小。对针叶林冠层截留率的研究中也发现，林冠截留率随降雨强度和降雨量的增加而显著降低。

降雨过程中，降雨强度会随着时间的推移不断变化，致使森林冠层对降雨量的拦截程度也会随之改变。但是对于林冠截留与降雨强度究竟存在怎样的相关关系，学界对此看法各异。艾伦（Alan）和阿里（Ali）认为，降雨强度和林冠截留量呈负相关，在降雨强度较低的情况下，林冠的蒸发速率较快，导致所测的林冠截留量会相对较高。姜海燕认为，林冠对降雨的拦截强度会随着降雨强度的变化而变化。降雨开始时，林外降雨强度大，截流强度也大；随着降雨强度的减弱，截留强度也相应减弱；当降雨强度继续增加时，截流强度又随之增加。陈丽华认为，林冠截留量与 30 min 内最大降雨强度呈显著相关关系，而与平均降雨强度相关性不高。还有学者认为，降雨强度对林冠截留无显著的影响。

第七章　海绵城市理念下的校园景观规划设计实践

随着社会的发展和海绵城市理论的不断完善与实践，很多校园也开始重视在校园景观建设中采用海绵城市理念。本章分为天津大学北洋园校区景观规划设计、天津大学阅读体验舱景观规划设计两部分。主要内容包括：项目概况、雨洪管理、雨水景观等方面。

第一节　天津大学北洋园校区景观规划设计

一、项目概况

天津大学北洋园校区于 2015 年 10 月完工，是基于海绵城市建设的校园景观设计新建项目。校区占地 250 公顷，场地地势较低且起伏不大，平均高程约为 2.5 m；内部的坑、塘、洼较多，地下水位高，约为 1.4 m，且地下水的矿化度高；基底土壤 pH 值为 8，盐碱化程度高。

二、雨洪管理

校区的设计采用"分区而治、内外联合"的策略，根据整体布局与规划将整个校区分为中心岛 LID 调蓄区、中环综合集雨区、外环自然排雨区 3 个子排水分区，每个区根据自身的定位及功能特性，采取不同的雨洪管理系统，总体上采用三重雨洪管理机制：第一重——暴雨径流量的削减，第二重——水系调蓄能力的增加，第三重——雨水外排速度的提高。

中心岛是由内环河包围的区域，该区域主要采用生态集雨的方式将雨水收集起来，运用下凹式绿地、透水铺装、植草沟、下沉广场等设施，从源头上减少雨水的径流量，将生态防洪系统融入建筑景观中。中环区是内环河与主环路包围的区域，硬化率较高，主要采用灰色与绿色基础设施（传统雨水管道与生态集雨）相结合的雨洪管理措施，通过提前预留的雨水管道进行雨水收集，利用雨水泵站的水进行绿化灌溉以及补充景观水体，同时通过人工湿地、下凹式绿地、透水铺装等设施进行雨水的收集、净化和利用，并且与外环区相连接。外环是外环河与主环路之间的区域，主要以"排水安全"为重点，不设置排水管道，雨水通过绿地及透水铺装渗入地下补充地下水，未下渗的雨水通过缓坡以自然径流的方式排入外环河，以缓解季节性暴雨带来的排洪压力，且对雨水进行污染物的净化。

三、雨水景观

校区的设计因地制宜地采用了大量的低影响开发技术手段，景观水系的堤岸采用植物缓坡及阶梯式绿化两种形式相结合，使雨水得以快速下渗以及净化；利用湿地和溢流湖等大型水体对雨水进行储存，在对雨水有效收集利用的情况下保证景观效果；采用下沉广场，对雨水进行快速下渗、滞留以及储存的同时，更丰富空间的层次；针对土壤盐碱化问题，对土壤进行改良，主要包括对土壤进行风干碎化，加入草炭土、牛粪、山皮砂等拌匀进行回填，并设置植草沟，种植耐盐碱植物，对土壤进行去盐碱化；下凹式绿地分为自然式及人工台地式，自然式的种植耐盐碱草地，坡上种植乔灌木，台地式可作为露天剧场，底部为透水铺装，坡面安置条石座椅，其余部分种植耐盐碱植物。

四、借鉴要点

①此项目为新建项目，规划阶段不仅从整体布局理念进行明确的区域划分，并根据场地自身的建设条件，对雨洪管理分区也进行区域划分，不同区域采用不同程度的雨水收集、利用、净化、排放等措施，实现雨洪的高效利用及安全排放。

②低影响开发设施的景观化处理，如人工湿地、溢流湖等不仅可以起到美观、降温增湿的作用，使雨水经过人工湿地后得以净化以补充景观湖水，同时起到雨洪调蓄的作用。另外，建设诸如下沉广场、下凹式绿地、植草沟等的同时增加景观元素，丰富空间层次，使其景观性与实用性并存。

③因地制宜落实海绵城市建设理念。场地位于天津市，地下水位高、土壤盐碱化严重，在运用低影响开发设施时具有特殊性。项目实施过程中采用与排盐措施相结合的低影响开发设施，尽量避免使用需要降低场地绿化标高的设施，

多选用天津本地耐盐碱植物；通过一定方式改良土壤，增加土壤的渗透率；低影响开发设施中的植草沟不仅具有排水功能，同时还具有排盐的作用。

第二节　天津大学阅读体验舱景观规划设计

"海绵城市"概念所承载的"弹性"内涵，在借鉴国际倡导的低影响开发理论的基础上，将源头处理的观念进一步扩展为不同等级的雨水调控措施，系统的综合统筹，既涵盖了市政管网等传统工程措施，也涉及湿地、河流、低影响开发措施等绿色基础设施。"灰绿结合、系统统筹"可以说是中国海绵城市建设的关键。以天津大学阅读体验舱景观规划设计项目为例，探讨了如何在约束性极强的内涝场地上，通过灰绿基础设施的耦合、3个不同雨洪管理目标系统的构建叠加，在解决场地内涝积水问题的同时使雨洪管理功能与户外阅读空间景观有机融合，达到自然、趣味、亲和的设计目标。

在概念上，"海绵城市"强调"效仿自然"，"自然做功"的基本思想，这在一定程度上源于北美地区20世纪80年代起倡导的最佳管理措施（BMPs）和低影响开发（LID）策略，但是"海绵"并不等同于LID。该词所蕴藏的"弹性"内涵是对北美、德国等国际雨洪管理理论和实践经验的发展和提升。对比BMPs、LID以及海绵城市概念，不难发现，BMPs虽首次提出要将城市雨洪管理从单一的工程化做法向绿色方式转变，但其尚停留在城市水文循环的末端环节。LID理论则开启了"源头处理"城市雨洪的基本思想，并进一步提出了包括植草沟、雨水花园等在内的景观化措施。但不可否认，LID措施仅对中小降雨有明显的调蓄作用，作为"自底向上"的雨洪管理要素，它难以有效解决城市水文循环这一庞杂的系统问题。若仅仅将这些个体性措施作为指导性措施去营建海绵城市，不仅无法解决"城市看海"问题，而且还会产生资金浪费、重复建设等弊端。

雨水是城市水文循环中重要的一部分，海绵城市建设应尤其注重雨水管理系统内不同层级要素的连接，以及雨水管理系统与城市其他水系统的连接。如《海绵城市建设技术指南——低影响开发雨水系统构建（试行）》中所描述的：海绵城市建设应该统筹LID雨水系统、城市雨水管渠系统以及超标雨水径流排放系统，三者相互补充、相互依存。

在此以天津大学阅读体验舱景观规划设计项目为例，以景观规划设计为手段，通过灰绿基础设施的巧妙结合，构建以雨水管理为核心目标的海绵系统示范基地，以期为海绵城市建设提供借鉴。

一、场地概述与分析

天津大学阅读体验舱是利用集装箱重新组合、拼接搭建起来的构筑物，建于原天津大学附属中学（下文简称"附中"）前广场西侧，建筑学院本科教学楼对侧。阅读体验舱以新颖独特的建筑形式，为师生提供了现代、舒适的阅读交流空间，得到广泛好评。但是建成后，经过几次降雨后发现阅读体验舱入口前区域积水问题明显，成为阅读体验舱景观规划设计项目需要解决的主要问题之一。

（一）场地水文环境变化分析

阅读体验舱所在的附中操场，南低北高。根据场地竖向和管网情况可知，场地水文环境简单、清晰。阅读体验舱建成前，雨水径流向位于场地南侧边缘的雨水井汇集排出，汇流路径短直，汇流速度快。据附中老师和学生的回忆，原场地并无内涝积水问题。而阅读体验舱落成后，由于其位于场地南侧正中，且东西跨度较大（44.7 m），故场地原有自北向南的汇水路径被阻隔，排水路径不畅是阅读体验舱建成后其门前积水的主要原因。

（二）场地渗透性分析

阅读体验舱所在的西南汇水区，其下垫面包括集装箱铁质屋面和操场胶皮面两种，均为硬质面，透水率为零。项目前期研究团队对操场胶皮面下的构造进行现场观测，得知阅读体验舱所在场地的下垫面为4层构造，自上向下为8 cm胶皮层、15 cm沥青层、10 cm灰土层、15 cm砂石垫层，下垫面下为自然土层。由此可知，只有向下挖近半米至自然土层，场地才可能实现自然下渗。

二、灰绿基础设施耦合的"海绵系统"示范基地构建

在下垫面条件分析和场地水文环境数值模拟的基础上，场地的雨洪内涝问题明晰，雨洪调控、利用目标明确，由此结合场地的用水、排水需求提出了场地"海绵体"的针对性规划设计，涵盖雨洪调蓄系统、废水与径流的污染控制系统、水资源再利用系统3个相互关联的子系统。

（一）雨洪调蓄系统

场地原为塑胶操场，地表与自然土层被胶皮、沥青、灰土等相隔，不透水层厚度近50 cm，直接导致场地产流量大。若大范围地将场地下垫面更换为透水材质，虽能在一定程度上缓解场地积水问题，但挖、填方工程量巨大，对场

地破坏严重。鉴于场地客观条件，面对降雨后不可避免的大量产流，利用雨水调蓄系统来有序组织和管理雨水的汇流过程，成为项目的核心内容。

项目中，雨水调蓄系统包括环绕阅读体验舱一周的砾石沟、舱体背侧（南侧）与砾石沟并排的植物过滤带、场地墙缘的市政管网以及舱体东侧的原位修复湿地。由于阅读体验舱前场地有举办室外活动的功能需求，因此景观规划设计过程中充分保留了舱前场地规整、开敞的景观形式。集中地利用舱体背侧与墙缘 5.6 m 的空间，规划雨水调控的绿色与灰色基础设施。

砾石沟以建筑入口为界，分为 2 段，沟底分别向东、西两侧倾斜。来自舱前场地的雨水径流首先被收集进入填满砾石的沟内，沿坡降方向穿流于砾石缝隙的同时得到初步沉淀过滤。北侧砾石沟内还布设有直径 16 cm 的多孔 PVC（聚氯乙烯）管，埋于沟底。填满砾石的沟渠与多孔 PVC 管组合，巧妙地实现了通过单项措施使雨洪管理功能由蓄转排的自由切换。降雨强度较小时，由于满填的砾石缩小了过流断面，径流在沟内的流速缓慢，主要以蓄积形式存留在沟内，表现为沟内水位的不断抬升。而当降雨大且急或者经过一段降雨历时后，为了保障舱体前不积水，场地短时产生的大量径流则需要快速地输导至舱后的调蓄空间。管顶布孔的 PVC 管满足了降雨条件不同情况下雨水径流管理方式需要同时转变的需求，即当沟内水位与 PVC 管孔高度持平后，沟内径流转流入 PVC 管内，随后便可被快速疏导至砾石沟南侧。

体验舱南侧砾石沟与植物过滤带并排布置，两者通过砾石沟外侧边壁上的凹槽实现水流的沟通。南侧砾石沟内未铺设多孔管，因此随着径流不断从北侧疏导过来，南侧沟内水位抬升，当其与边壁凹槽底高度持平时，雨水径流由砾石沟溢流至植物过滤带。植物过滤带宽 0.7 m、4 段总长 29.3 m、下凹 0.4 m。为保障植物过滤带内植物的良好生长，施工过程中去除胶皮、沥青和灰土层，在原有砂石垫层的基础上覆土 0.08 m。受场地可利用空间的约束，下凹的植物过滤带较窄，但滞、渗作用明显。径流经过植物一定程度的过滤净化后下渗，回补地下水，是对砾石沟蓄、输管理能力的有效补充。此外，植物过滤带既通过沿线布设的溢流槽与墙缘市政管网连通，也在其东端通过一小段涵管与原位修复、湿地连接。涵管底高程低于溢流槽底高程，因此，常规情况下收集的过量径流可通过植物过滤带向终端湿地补水，而在超标降雨情况下，则可就近经过溢流槽向市政系统排水，保障安全。

（二）废水与径流的污染控制系统

本项目不仅重点考虑了针对径流产生量的弹性化调控方式，而且也关注了水质对于环境的影响，规划设计了仿自然过程的水体污染控制系统，该系统由潜流湿地、植物过滤带以及原位修复湿地 3 个模块构成。

潜流湿地位于体验舱水吧外侧的中庭空间内，承接水吧清洗餐具、水果等的废水。潜流湿地从上游至下游分别是配水池、水平潜流型人工湿地以及集水池。水吧排出的废水首先进入配水池预沉淀，去除大颗粒污染物。当水深达到进水管高度后，水体经进水管下游相连的穿孔布水管进入人工湿地组块进行净化。其内布设有上游和下游 2 根穿孔布水管，两者对侧布置，下游的高程较上游低 10 cm，两者均沿管长方向等距离钻有大小一致的圆孔。这样的构造可以有效实现湿地净水填料中水流的均匀化，保障出水水质。水平潜流型湿地主要通过植物的丰富根系、填料截留以及填料表面微生物形成的生物膜三者的协同作用对污水进行净化。在本项目中，净水填料除了采用了常规的不同粒径级配的卵砾石层外，还特别针对以油污为主要污染物的废水情况，在人工湿地的上游布置陶粒滤料层。用于水处理的人工陶粒滤料通常是以黏土、页岩、粉煤灰、火山岩等为原料加工而成的。针对油污问题，本项目采用的是粉煤灰净水陶粒。其在物理微观结构方面表现为粗糙多微孔，具有比表面积大、孔隙率高、强度高、耐摩擦、物理化学性能稳定的特性，不向水体释放有毒有害物。这些特性使得粉煤灰陶粒不仅吸附截污能力强，而且还特别适合于微生物在其表面生长、繁殖，从而提高净水效率。

另外，此类滤料空隙分布较为均匀，可克服因滤料层空隙分布不均匀而引起的水头损失大，易堵塞、板结的问题。湿地表层的植物选用了耐寒喜湿的千屈菜、花叶芦竹。为避免潜流湿地处理效率不足可能产生的环境影响，要定期定时对进、出水水质进行常规监测，以保障废水与径流污染控制系统的净水目标。

植物过滤带与原位修复湿地则主要利用浸没在水中的植物叶、茎基部的生物膜完成水质净化。前者因间断有水，故主要选用耐湿亦耐旱的陆生植物如鸢尾、旱伞、菖蒲等，起到过滤和初级净化的作用。而原位修复湿地则栽植了大量的沉水植物，包括狐尾藻、竹叶眼子菜、伊乐藻以及苦草。其作为初级生产者，能大量吸收水体、底泥中的氮、磷以及部分重金属元素。另外，由于沉水植物整个植株都浸没在水中，因此其光合作用产生的氧气可全部释放到水体中，增加水体的溶氧量，促进有机污染物和某些还原性无机物的氧化分解，从而起到净化水体的作用。

（三）水资源再利用系统

雨水径流和水吧排放的废水得到净化后，储存在原位修复湿地中，以坑塘景观形式存在，不仅结合水生、陆生植物的种植，在场地中塑造出一个自然、生态的水景观节点，而且通过提升泵的作用，贮存其中的雨水还可用于两个用途：其一用于植物灌溉，增加场地植物量；其二作为消防储水，实现水资源的循环再利用。

综上所述，基于场地透水率为零、原排水路径被阻隔的问题，规划设计的砾石沟、植物过滤带以及湿地作为 LID 措施发挥着雨洪调节典型的蓄、渗功能，可以实现降水量较小时场地雨水的自然积存、自然下渗。而整个雨水管理系统中，埋于砾石沟内的多孔管以及位于系统终端的场地的原有市政管网则通过与 LID 绿色基础设施的耦合大大提高了整个雨水管理系统的"弹性"范围。PVC 管上的孔洞、砾石沟边壁、草沟边壁以及湿地的溢流槽均实现了雨洪调控系统功能由"蓄"到"排"的自由切换，使得场地即使面对超标降雨仍可避免内涝积水问题的出现。

此外，此规划设计不仅关注了从降雨、产流到坡面汇流的自然水文循环过程，也结合场地具体情况，考虑了阅读体验舱从供水、用水到排水的人工水文循环过程，通过污染控制系统与雨水调节系统的巧妙结合，实现了场地水资源的循环再利用，构建起完整的海绵体示范基地。

参考文献

[1] 余新晓，史宇，王贺年. 森林生态系统水文过程与功能 [M]. 北京：科学出版社，2013.

[2] 李玉文，程怀文. 中国城市规划中的山水文化解读 [M]. 杭州：浙江工商大学出版社，2015.

[3] 车生泉，于冰沁，严巍. 海绵城市研究与应用 [M]. 上海：上海交通大学出版社，2015.

[4] 张丽君. 中国西部民族地区生态城市发展模式研究 [M]. 北京：中国经济出版社，2016.

[5] 曾思育，董欣，刘毅. 城市降雨径流污染控制技术 [M]. 北京：中国建筑工业出版社，2016.

[6] 曹磊，杨冬冬，王焱，等. 走向海绵城市：海绵城市的景观规划设计实践探索 [M]. 天津：天津大学出版社，2016.

[7] 胡小静. 城市规划及可持续发展的原理与方法研究 [M]. 成都：电子科技大学出版社，2017.

[8] 刘嘉茵. 现代城市规划与可持续发展 [M]. 成都：电子科技大学出版社，2017.

[9] 王大勇. 低碳时代的城市规划与管理探究 [M]. 北京：中国商务出版社，2017.

[10] 吴兴国. 海绵城市建设实用技术与工程实例 [M]. 北京：中国环境出版社，2018.

[11] 朱闻博，王健，薛菲，等. 从海绵城市到多维海绵：系统解决城市水问题 [M]. 南京：江苏凤凰科学技术出版社，2018.

[12] 段进，刘晋华. 中国当代城市设计思想 [M]. 南京：东南大学出版社，2018.

[13] 杨瑞卿，陈宇. 城市绿地系统规划 [M]. 重庆：重庆大学出版社，2019.

[14] 张倩. 城市规划视野下的城市经济学 [M]. 南京：东南大学出版社，2019.

[15] 熊家晴. 海绵城市概论 [M]. 北京：化学工业出版社，2019.

[16] 王思思，杨珂，车伍，等. 海绵城市建设中的绿色雨水基础设施 [M]. 北京：中国建筑工业出版社，2019.

[17] 李辉，赵文忠，张超，等. 海绵城市透水铺装技术与应用 [M]. 上海：同济大学出版社，2019.

[18] 任雪冰. 城市规划与设计 [M]. 北京：中国建材工业出版社，2019.

[19] 钟鑫. 当代城市设计理论及创作方法研究 [M]. 郑州：黄河水利出版社，2019.

[20] 董晓峰，刘颜欣，杨秀珺. 生态城市规划导论 [M]. 北京：北京交通大学出版社，2019.

[21] 翟俊. 海绵城市建设的景观途径 [M]. 北京：中国建筑工业出版社，2019.

[22] 正和恒基. 海绵城市 + 水环境治理的可持续实践 [M]. 南京：江苏凤凰科学技术出版社，2020.

[23] 陈哲夫，陈端吕，彭保发，等. 海绵城市建设的景观安全格局规划途径 [M]. 南京：南京大学出版社，2020.

[24] 齐珊娜，段梦，陈卫. 海绵城市的愿景与落地 [M]. 北京：化学工业出版社，2020.

[25] 徐健芳. 城市规划设计中生态城市规划的探讨 [J]. 居舍，2020（16）：121-122.

[26] 陈媛. 浅论城市绿地系统规划中海绵城市理念的运用 [J]. 建筑与文化，2020（4）：147-148.

[27] 吴晓琳. 海绵城市理论在城市道路中的应用分析 [J]. 居舍，2020（11）：2.

[28] 雷洪犇，陈红缨，孙宏扬，等. 基于传导思维的海绵城市建设规划编制方法研究 [J]. 环境工程，2020，38（4）：101-107.

[29] 赵林林. 海绵城市理念在城市规划中的应用探讨 [J]. 居舍，2020（9）：6.

[30] 张弛. 海绵城市理论及其在城市规划中的实践构想 [J]. 四川水泥，2020（4）：65.

[31] 刘元梅，马超达. 绿色建筑生态城区海绵城市建设规划设计思路分析 [J]. 建筑技术开发，2020，47（7）：21-22.

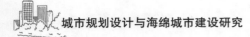

［32］王华．基于海绵城市理念引导的城市规划方法探讨［J］．智能城市，2020，6（4）：106-107.

［33］杨彬彬，钱思琦．市政道路设计中海绵城市理念的应用［J］．城市道桥与防洪，2019（7）：148-151.

［34］许浩浩，吕伟娅．植草沟在城市降雨径流控制中的应用研究［J］．人民珠江，2019，40（8）：97-100.

［35］李艳伟．屋顶绿化对海绵城市建设作用初探［J］．山西建筑，2018，44（3）：211-212.

［36］武建奎．山西中小城市海绵城市建设方式研究［J］．山西建筑，2018，44（13）：116-117.

［37］张彧，杨冬冬，曹磊．雨洪管理设施管理维护方法研究：以天津大学阅读体验舱为例［J］．风景园林，2017（10）：93-100.

［38］郭创，李向冲．广东某工业大学校园雨水综合利用浅析［J］．珠江水运，2017（13）：59-60.

［39］黄维让．海绵城市建设中城市道路雨水系统设计探讨［J］．城市道桥与防洪，2016（9）：15-17.

［40］黄舒爽．道路绿地中海绵城市建设理念的运用与思考［J］．江西建材，2016（16）：41.

［41］毕翼飞．许昌市绿地雨水花园的营造探究［J］．绿色科技，2016（19）：37-38.

［42］孙红权，孙湘明，陈昳．视觉设计的历时形式探究［J］．包装工程，2015，36（2）：42-45.

［43］张科云．基于行为心理的建筑入口设计研究［J］．现代物业，2013，12（7）：35-37.

［44］黎平俊．由节能策略引发的建筑空间设计思考［J］．科技创新导报，2011（19）：29.

［45］向璐璐，李俊奇，邝诺，等．雨水花园设计方法探析［J］．给水排水，2008（6）：47-51.

［46］蒋必凤，董希斌．植被护坡水文机制模型的构建［J］．森林工程，2007（5）：56-59.